公園は、身体の健康だけでなく、人と出会い、人と人とのつながり
生まれる場所（大阪府営大泉緑地で開かれたスロージョギング教室）

上・下／品川御殿山花見（部分）葛飾北斎筆（一般財団法人 北斎館 所蔵）

ヨセミテ国立公園（米国）大勢の家族連れでにぎわっている

マウントクック国立公園（NZ）のハーミテージホテル

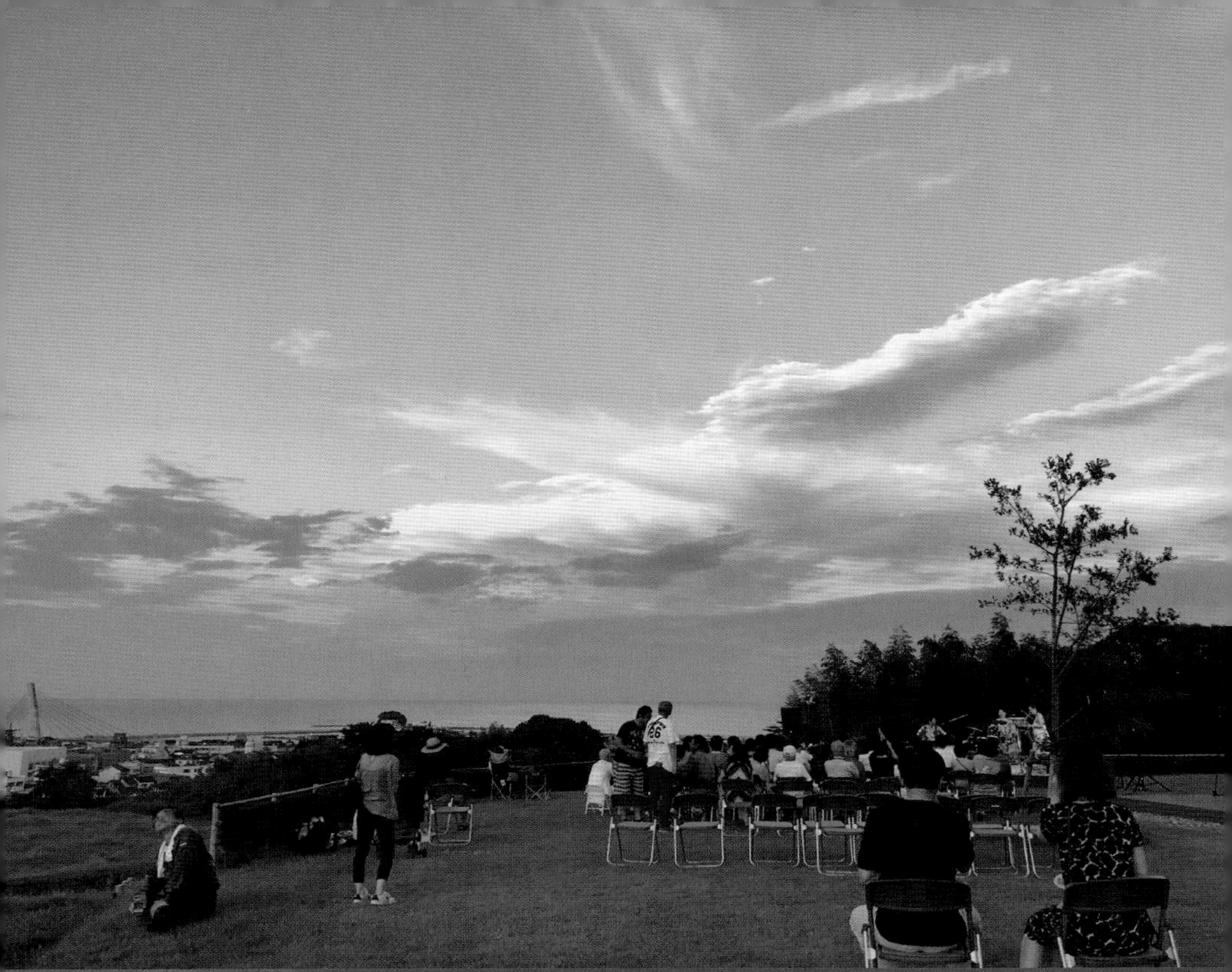

上・下／氷見市朝日山公園

南町田グランベリーパークイメージパース：上／公園から商業施設をのぞむ。下／パークライフサイト全景

鶴間公園内のトラック

グランベリーパーク内の広場

100 冊の絵本を寄付されたことをきっかけに生まれたイベント「絵本と公園の日」。絵本をテーマに、本屋、農家、花屋、パン屋、カフェなど地域のさまざまな主体が集まり、企画アイデアを出し合った（都立武蔵国分寺公園）©NPO birth

パークマネジメントがひらく
まちづくりの未来

はじめに

近年、パークマネジメントが著しく普及し、多くの方々が、実践や理論の分野で活躍されています。私自身がマネジメントの発想に立ち至ったのは、地域、公園、博物館について考え、実践する「きっかけ」が3回あったことからです。

最初のきっかけです。平成7年に発生した阪神・淡路大震災後、被災者の皆様を、緑から支援する動き、「ガレキに花を」「ドングリネット神戸」「グリーンマントの会」等が、各地で発生していました。これらの活動からネットワークを形成し、組織や市民の間で協働がはじまりました。「阪神グリーンネット」の誕生でした。市民活動として、「緑のエリア・マネジメントのうねり」が産声をあげた瞬間でした。

二つ目。兵庫県三田市に、有馬富士公園があります。バブル崩壊後、この公園を自然、里山等を重視した方向で見直した結果、これといった特徴のない公園になっていたのです。種々議論し、辿り着いた結論は、市民参画型のマネジメントを重視する公園でした。外部から専門家を招いて、パークマネジメント計画を策定する研究会を数回開催し、行政、市民等が、お互いにフラットな立場で参画する「運営・計画協議会の発足」になりました。

三つ目は、私が勤務する人と自然の博物館の新展開です。元々の基本構想には、年間40万人の来館者数が掲げられていましたが、開館してみると、年間10数万人程度の数字で低迷していました。10年程経過した頃、突然、当時の設置者から「役に立たない研究部は閉鎖しては?」云々の強烈な叱咤激励が届いたのです。これをチャンスと捉えて、博物館の新たな展開の動きが始まりました。一年間、マネジメントに関わる第一線の方々を招聘して、館の全員に対して学習会を開催しました。講師の皆様方の知識や経験を、参加者が貪欲に吸収していたことを憶えています。この頃、一緒に苦労した研究員の皆さんが、今では幹部となって大活躍されています。

この図書では、パークマネジメントを一緒に学び、推進してきた仲間たちの新たな展開を紹介しています。これから公園の管理運営に携わろうとする人、これらの仕事に志を持つ方々に、新たな展望や哲学を伝えたい。そして制度や仕組みづくりに参画できるような人材となって頂きたいと考えています。

第1章では、パークマネジメントの基本として、過去からの歴史や地域課題の解決に向けてなど。そしてその構造や新たなグリーンインフラとしての視点について述べます。第2章では、手法からみた管理運営計画の目的や内容、評価の在り方、健康づくりと公園、そして地域振興についてなどです。第3章では、これからを展望して、プレイスメイキングと公園、民間活力の導入、パークマネジメントにおけるコミュニティづくり、パークコーディネーターの未来、環境教育について、そして、地域創生に向けた取り組みなど多彩な論が展開します。本書を通して、若い読者の皆様がこれからのパークマネジメントを共有される「きっかけ」になれば誠に幸いです。

中瀬　勲（兵庫県立人と自然の博物館館長・兵庫県立淡路景観園芸学校学長）

■目次

第1章

パークマネジメントとは

パークマネジメントの過去・現在・未来

金子忠一・林まゆみ

先達の言葉

現代にも響く言葉として紹介したい。私たちの学問分野の大きな基盤の一つとなっている造園学を代表して論考を発表している造園学雑誌（現在はランドスケープ研究と改称）は、1925（大正14）年に創刊された。そこで、「造園の神髄と造園教育」と題して、上原敬二は以下のように述べている。彼は、大正期に造園学と造園技術の発展に大きく寄与した人物である。「造園学とは応用科学の域を脱し、総合科学の天分を持して各般の社会相、文化への貢献として今後も益々その研究は促進されるであろうと思う。」そして公園については「さらに、その設計、管理、経営、行政、施設の各般にわたっては、今後大にその知識を必要とされる」。

長年、東京市の公園行政の要となった井下清は、1938（昭和13）年における第2回公園緑地問題協議会講演録に『東京市の公園行政』と題して、「公園経営というものは、一つの理想をもっていなければならぬと思う。すなわち時代をリードしていくだけの理想を持たなくてはいかぬ。」と述べている。1943年（昭和18）年に著した「緑地生活」でも、「公園緑地をいかに我々の日常生活に活かし得るかということは、公園緑地を設ける根本義であって、この利用性の徹底がなくては、貴重な都市の土地を空地にしただけである。」と記している。

偕《とも》に楽しむ

歴史上にみられる公園的利用を振り返ってみよう。わが国では、古来より、人々は景勝地の訪問や桜の花見など、折に触れて美しい景色や名勝の地を求めて、楽しみに興じてきた。紀伊吉野山には多くの桜が植えられ、四民遊観の地としたことからも、いかに自然や花みどりを求めて人々が集い、興を求めていたかが理解される（図1）。

19世紀の中頃、1842（天保13）年には、水戸の偕楽園に梅林が造られた（図2、3）。これは、当時の藩主、徳川斉昭によって開設されたものである。梅の花が咲き誇る季節には大勢の人々が集い、五感を楽しませた。「偕《とも》に楽しむ」とあらわされるように、斉昭公の想いを受け、水戸藩で経営されていた。原則として藩士やその家族にも解放されている。参観についての決まり事をみると、毎月3、8、13、23、28などの日に、「士族を許す」とあり、その家族は13、28とする。神宮、僧侶は士族に準ずるとされていた。

また、「農・工・商」の者は士族の共として入園を認めるとしていた。月見は、7月15日、8月15日は女子、9月15日は男子の園遊日とする、ともある。これらの取り組みは現代の公園にも相通じる、まさに皆で（偕で）楽しむオープンスペースに他ならなかった。

偕楽園では、そのほかにも、文化人を集めて、詩歌、絵画、音楽、茶の湯の会合をもち、家臣やその家族に解放し、優游存養させようと、梅畑をつくり、実を取って、梅干しを作り貯えて、戦の準備、さらに飢餓にも役立てることとした。大勢の人々や階層に役立つよ

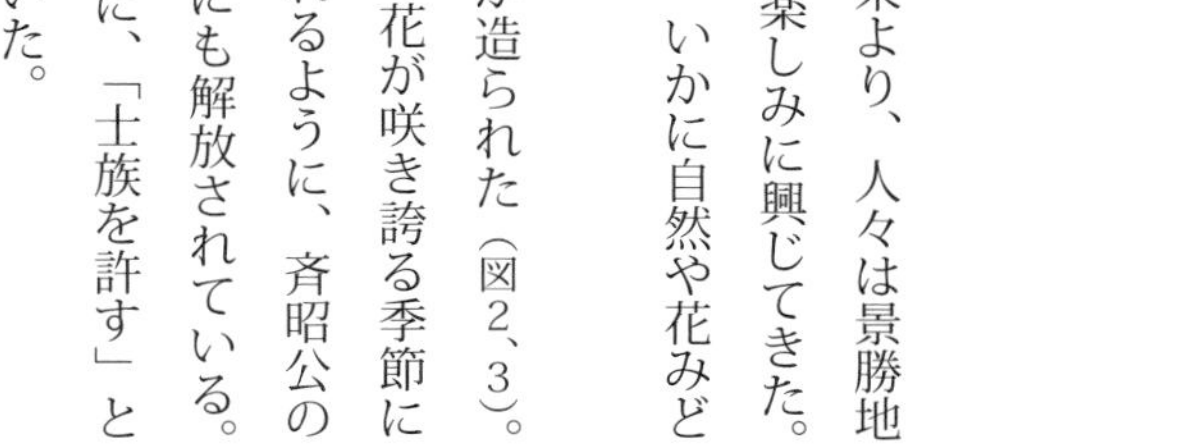

図1　浅草金竜山奥山花屋敷　風俗吾妻錦絵／広重、嘉永6（1853）（国立国会図書館所蔵）

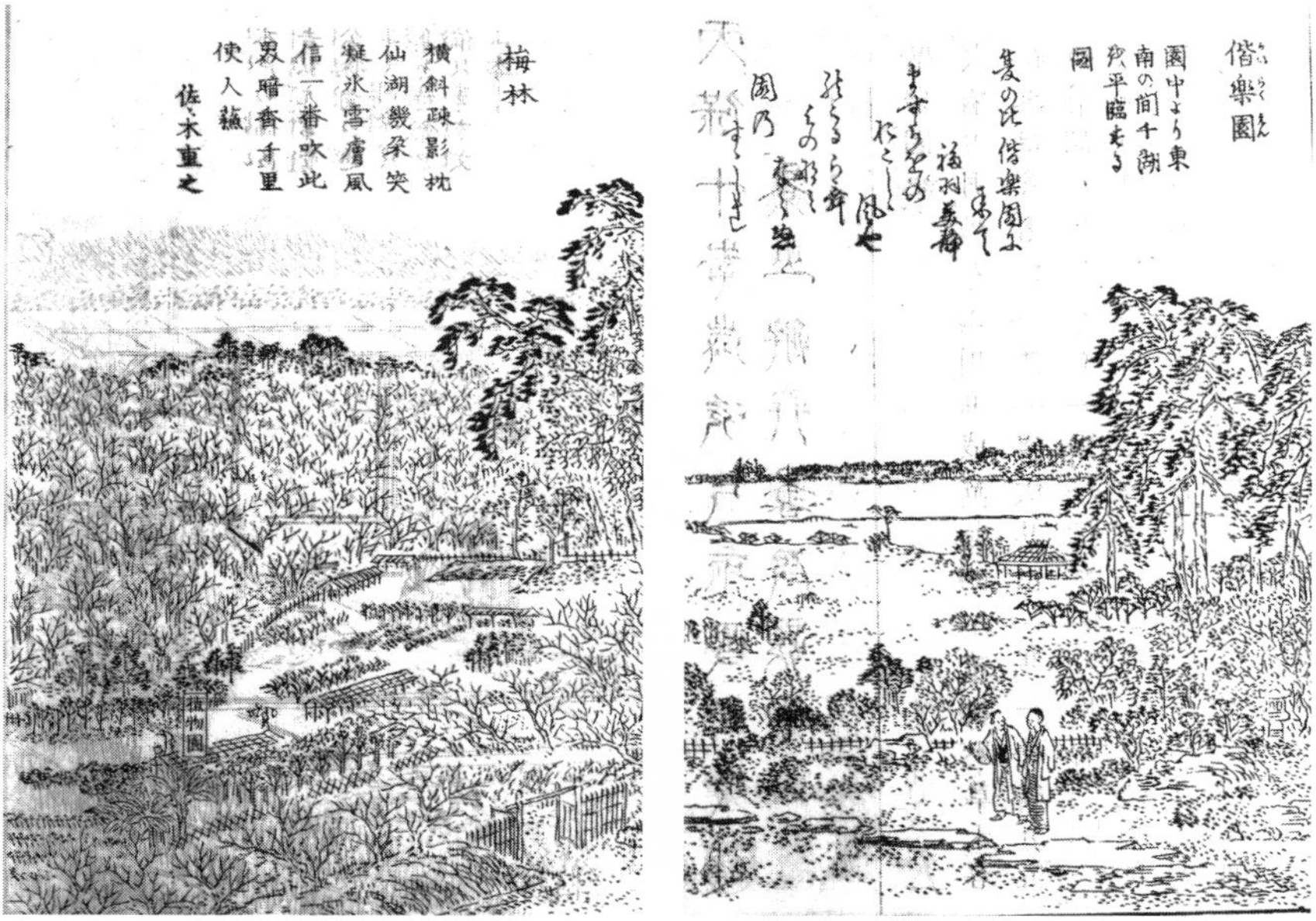

図2　常磐公園攬勝図誌　偕楽園の絵図（弘道館所蔵）

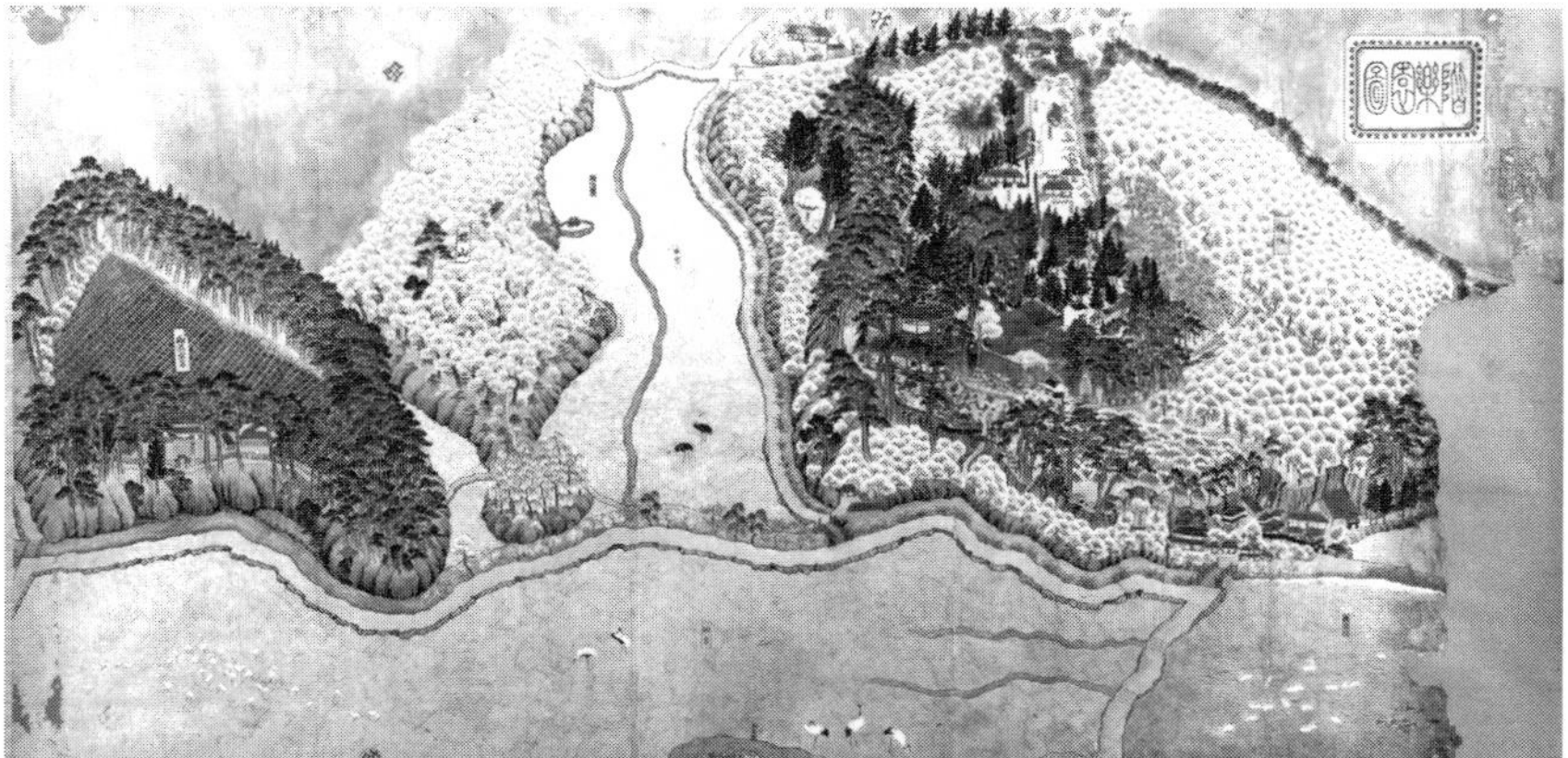

図3　「偕楽園図」（大洗町幕末と明治の博物館寄託）

うに考えられた、現在の公園の考え方に通じるものである。さらに興味深いことには、「禁条」という禁止事項が設けられており、以下のことが定められていた（図4）。「園庭に遊ぶものは、卯に先んじて入り、亥に遅れて去ることを許さず、男女の別は正しくすべく、雑沓をもって威儀を乱すこと許さず、沈酔して号暴し、俗楽に及ぶこと禁ずべし、園中にして梅枝を切り、果実をとること許さず、園中にして病無き物の籠に乗ること許さず、漁猟には禁あり、制を踰《こ》ゆることを許さず」とある。事細かく、園を楽しむにあたっての決まり事を挙げている。あたかも「都市公園法」と意図を同じくしているようだ。もちろん、現代においても、この偕楽園は大勢の人々が訪れる茨城県の誇る公園の一つである。

時代は下って、１８７３（明治６）年の『太政官布達』は、わが国における、公園創設の黎明にあたる。この布達は、「三府ヲ始人民輻輳ノ地ニシテ・・・・古来ノ勝区名人ノ旧跡等是迄群衆遊観ノ場所・・・・従前高外除地ニ属セル分ハ永ク万人偕楽ノ地トシ公園ト可被相定ニ付・・・・・・」と示されているように、多くの人々が遊行に興じたり、景色を眺めたりしていた名所旧跡の類を公園として制定し、国民の新たなレクリエーションの位置づけとしてその礎をつくったものである。例を挙げると、浅草寺、寛永寺、増上寺、飛鳥山、兼六園、栗林公園などがある（写真1）。

『公園取扱心得』を見てみよう。

一、公園中ニ於テ一時展覧物ヲ置キ或ハ百花草木ヲ植へ、遊人休息ノ為メ出茶屋ヲ設クルノ類、其他見苦シカラザル商業ハ、現場見分ノ上地所貸渡、午后五時限渡世差許候事　但、竈ヲ築立、住居スル儀不相成事

禁條
凡遊園亭者不許先卯而入後亥而去
男女之別宜正不許雜沓亂威儀
沈醉號暴及俗樂尤固禁
園中不許折梅枝采果實
園中不許無病者乘輿
漁猟有禁不許踰制

図4　偕楽園で出された禁条（弘道館所蔵）

写真1　浅草公園　旅の家つと、第29より　明治33（１９００）年（国立国会図書館所蔵）

つまるところ、公園の中で、展示物を置いたり、植物を植えたりすること、或いはレクリエーションを楽しむ人の休息のために茶屋を設けること、その他見苦しくない商いを行う場合は、現地をよく見極めて、場所を貸すこと、午後5時までの許可とすること、但し、そこを住居とすることは許可しない、などが決められている。

このほかにも、借地人は、税金は免除するが、何か損傷した場合等は弁償すること、公園を取り締まるものを置くこと、在来の花木は良く維持管理し、老朽化した場合は、その近傍に新しい植栽をすること、来訪者が帰ってからは、清掃や火の元の確認を怠らない事、公園内に存在する社寺等の建物は関係者によって、監督すること、東叡山や、飛鳥山などこれまで住居のなかったところに新規建築は不可。ただし、清掃等の番人のための建造物は別である、などを細やかに定めている。

公園史から、パークマネジメントを概観する

太政官布達以降の公園史の中での、パークマネジメントについてを整理してみたい。その前に、いわゆる太政官布達以前の公園的利用をみると、実は、市民利用としてのマネジメントが既に存在していた。偕楽園もそのような例の一つであるし、その他物見遊山の場所であったり、街中の路地などもある意味、市民サービスと土地の管理の観点からのマネジメントが行われていたりした。

明治初期から設けられたいわゆる公園という名のものとでの利用についてみると、規制が敷かれたことが特徴的である。公園使用ルールという観点からのマネジメントであり、

これは、以後長年にわたって、公園マネジメントの核として存続してきた。また、創設期においては、積極的な民間資本による公園経営という観点からのマネジメントが行われていた。そこでは、地域住民参加による公園管理が既に始まっており、地域連携の萌芽も見られる。スポーツやレクリエーションの移入による公園運営もサービスの一環として行われていた。

昭和初期に展開した井下清の『公園経営』では、公園の利用性と経営（公園独立経済）という観点からのマネジメントが推奨され、利活用と経済的独立性が重点的に視野に入れられた。同時に、大正末期から始まっていた公園での児童指導では、利用指導、社会教育という視点が入れられていた。

１９５６（昭和31）年に制定された『都市公園法』によって、法的な財産管理と公園利用管理という観点からのマネジメントが確立される。社会のニーズに応えたレクリエーション・プログラムの提供も求められるようになっていった。利用サービス、プログラムの開発という観点からのマネジメントである。

そして２００３（平成15）年には、指定管理者制度が地方自治法で制定された。この制度の導入によって、以後、民間企業的発想による効率的管理がより推進されるようになった。公共サービスと施設経営の観点からのマネジメントは、多様な主体による官民連携・協働の公園運営である。

２０１７（平成28）年には、『都市公園法』が改正され、緑とオープンスペースの多機能性を最大限引き出すことを重視するステージに移行すべきとされた。その結果、公募設置管理制度（Ｐａｒｋ-ＰＦＩ）の創設、ＰＦＩ事業の期間の延伸、保育所等の専用物件への追加、協議会の設置、修繕基準の法令化など様々な再生、活性化案が示された。

近年に至って、さらなる多様な主体による公民連携の観点からのマネジメントが注目されるようになっている。パークマネジメント論の展開とマネジメントプランの策定も盛んに議論されるようになる。総合的な視野を持ちつつ、計画的かつ経営的な観点からのマネジメントが必須となった。民間活力の導入は、様々な課題を持ちつつも、今後の大きな柱となるだろう。

ここで、今一度、パークマネジメントを４つの観点から再考して、その役割を整理してみよう。順番に見ていくと次のようになる。

①Personal Benefits（身体的ベネフィット）：身体のフィジカルな面、メンタルな面において健康を保証するもので、生活の充実感、満足感、幸福感をもたらす

②Social Benefits/ Community benefits（社会的ベネフィット）：コミュニティ形成の機会を導き、地域資産の共同管理や共同所有の意識向上、コミュニティの結びつき、連帯感、コミュニティの生活の質の向上をもたらす

③Economic Benefits（経済的ベネフィット）：宅地や住宅の資産価値の付加、レクリエーション・観光活動の促進などによる直接的な経済効果、人々のリフレッシュによる労働力など生産性の向上をもたらす間接的な経済効果をもたらす

④Environmental Benefits（環境的ベネフィット）：地域環境に健全性をもたらし、地域環

境の保護と回復、自然環境の生物多様性、自然豊かな環境維持、向上をもたらす地域社会の発展を目指すためには、ボトムアップによる様々取り組みが必要である。公園施設の整備・運営を始めたときから、それらはその成果に対して、地域であるまちの賑わい、豊かな生活という住民のＱＯＬの高まり等を含めた評価が求められる。これらの成果は、スパイラルに蓄積されていくものであるが、蓄積された評価・成果は、地域社会の発展を押し上げるという結果をもたらす。

我々は、パークマネジメントを通じた地域社会の発展に寄与することが求められているのである。

我々の時代に求められている公民連携とは何か。特に、パークマネジメントを通した公民連携について考察したい。図５にも示しているように、まずは、コミュニティがうまく機能するように、人と人のつながりが広がっていくことが基本である。市民協働に関わる「地域のコミュニティ醸成」である。政策・施策・制度設計を行うのは、公的機関の義務ともいえるが、この取り組みにもいかに「民」の視点や、参画を取り入れるかが問われている。その他、公共サービスの提供は、公的な取り組みである。まちの活性化に係る「市民サービス」ともいえるが、ここにも地域資源（自然資源・歴史・文化資源）の利活用など「公」と「民」の連携が模索されている。パークマネジメントにおける事業評価やリスク管理など持続的な実行に関わる効果測定と評価も設置者である「公」の役割であろう。しかし、評価自体は、「民」の意見を尊重しなければならない。一方、「民」の観点からは、いかに施設収益や事業費捻出等の財政的安定に関わる経営戦略や資金運用を効果的に行うか、と

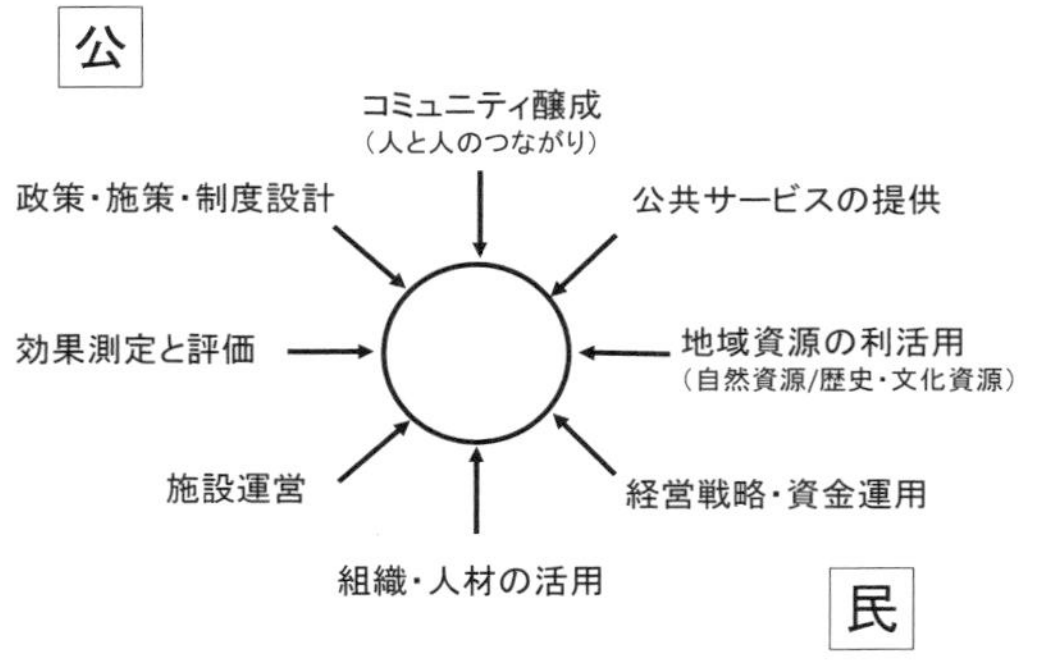

図５　公民連携による取り組みの８つの視点

いう努力も重要である。

「民」の力をより取り入れることで、公の施設としての機能発揮に関わる公園の「施設運営」が求められる。機能するシステムや、より良い人材の確保に関わる「組織・人材の活用」はまさに「民」の力をもってして達成される。

次は、デザインについて述べたい。デザインという言葉は、元々、DESIGNAREという言葉に由来するように、「ものごとを構築する」という意味合いを持つ。その意味性を振り返りながら、新たな視点やさらなるデザインを検討してみよう。パークマネジメントのデザインにおける6つの要素を挙げると以下の図のようになる（図6）。

第一は、「公共性」とよばれるものである。そもそも、「公共性」とは何をさすか。「パブリック」という意味になるが、これはもはや、いわゆるお上を指す言葉ではない。官とか私を超えて、多様な主体が関わる「おおやけ」という意味性が成立する。

第二は、「場のデザイン」。空間をどのようにデザインしていくか。多様なニーズに応じたデザイン性が求められる。設計という概念が超えた、場の持つ力を増すデザインが求められる。居場所づくりでもある。

第三は、「ことのデザイン」（プログラムのデザイン）である。空間というハード面だけではなく、そこで、どのようなソフト面におけるデザインが可能か、ということが問われている。特に、公園は多様なグループによるプログラムが遂行される。その可能性は無限にある。

第四は「継続性」。一過性のものではなく、設置者、管理者、そして来園者それぞれが、継続的な関わりを持つことのできる仕掛けが必要である。そのためには、ハードルを高く

図6　公民連携によるランドスケープ事業の構図

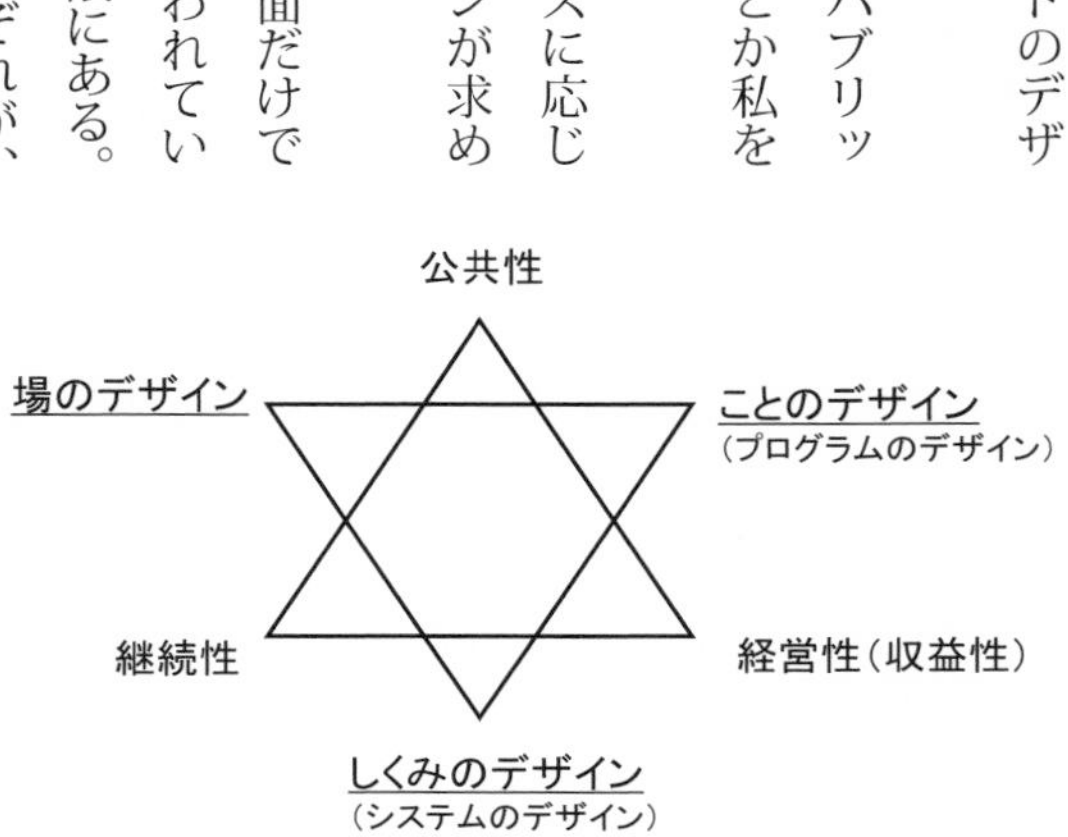

する必要はなく、だれもがマネジメントに参加できることも重要である。

第五の要素として、「経営性」（収益性）が重要であることは言うまでもない。従来のパークマネジメントにおいては、この経営性について、あまり重要視されていなかったのではないだろうか。それが、パークマネジメントそのものを圧迫しているとしたら、皮肉なことである。

そして、最後、第六の観点が、これらを総合化した「しくみのデザイン」、或いはシステムのデザインと言ってよいだろう。継続性や経営性もしくみの上で成立するものでなければ、不安定なものでしかない。これらのしくみは、様々な主体が関与して作り上げていくものではないだろうか。公民連携時代を迎えたパークマネジメントは、総合的な視点としくみづくりが求められている。

公民連携時代を迎えたパークマネジメントへの期待

将来へ向けて、公園利用をより充実させるために、以下の項目について、より強化することを提案したい。要点のみになるが、それらは、a．目標とする公園利用者数の確保、b．利用者満足度の確保、c．公園特性を活かした植物管理、d．公園特性及び資源、施設を活かした運営管理、e．多様な利用プログラムの提供、f．情報受発信、g．地域との連携活動・市民との協働活動、h．公園利用者等の安全を確保する管理手法、i．緊急時及び非常時の対応、j．自主事業、k．収益施設の運営、などである。

また、各業務の最低水準として示された仕様書に対する改善提案としては、a．本業務全体のマネジメント及び企画立案、b．施設・設備維持管理、c．植物管理、d．収益施設等管理運営などが挙げられる。さらには、ぜひ、収益施設運営実績書及び計画書などの作成を提案したい。これらについて、今一度、地道な検討と提案が求められる。

地域社会の発展を目指すためには、エリア全体の戦略的経営が必要である。公園からの視点で言えば、サービスの充実、施設の賑わいが、成果として現れることで、さらなる公園施設の整備・運営が加速され、評価されるというプラスのスパイラルが生じる（図7）。プラスの成果と評価は、エリアマネジメントのより良い展開として、まちの賑わいや豊かな生活を得ることができる。そのような、より良い展開をつなげていくことこそ、エリアマネジメントに向けた公園の利活用といえる。

パークマネジメントとは、公園づくり、まちづくり、そしてエリアマネジメントである。豊かで、質の高い生活を営むことができる環境づくりを実現するのがその到達点である。公園づくりの目標に基づいて、管理目標と管理運営方針を定め、地域連携・市民協働により、公園や地域の資源や人材、文化などの活用を図る。そしてそれらを効率的に実行し、その事後評価と改善により、個性豊かな持続性ある公園ライフ、そして豊かな生活の実現を目指すものでもある。

パークマネジメントとは、単なる公園管理を超えているものであることは言うまでもない。いかに保つか、守るか、ということが目標だった公園管理から、いかに活かすか、という展開は公園経営にもつながる。そして、いかに、感動を与えるか、という公園サービスという概念がこれから求められている。期待されていることを充たし、さらには、人々の期待を超えた新たな空間づくり場づくりを創っていく楽しみが私たちにはあるのだ。

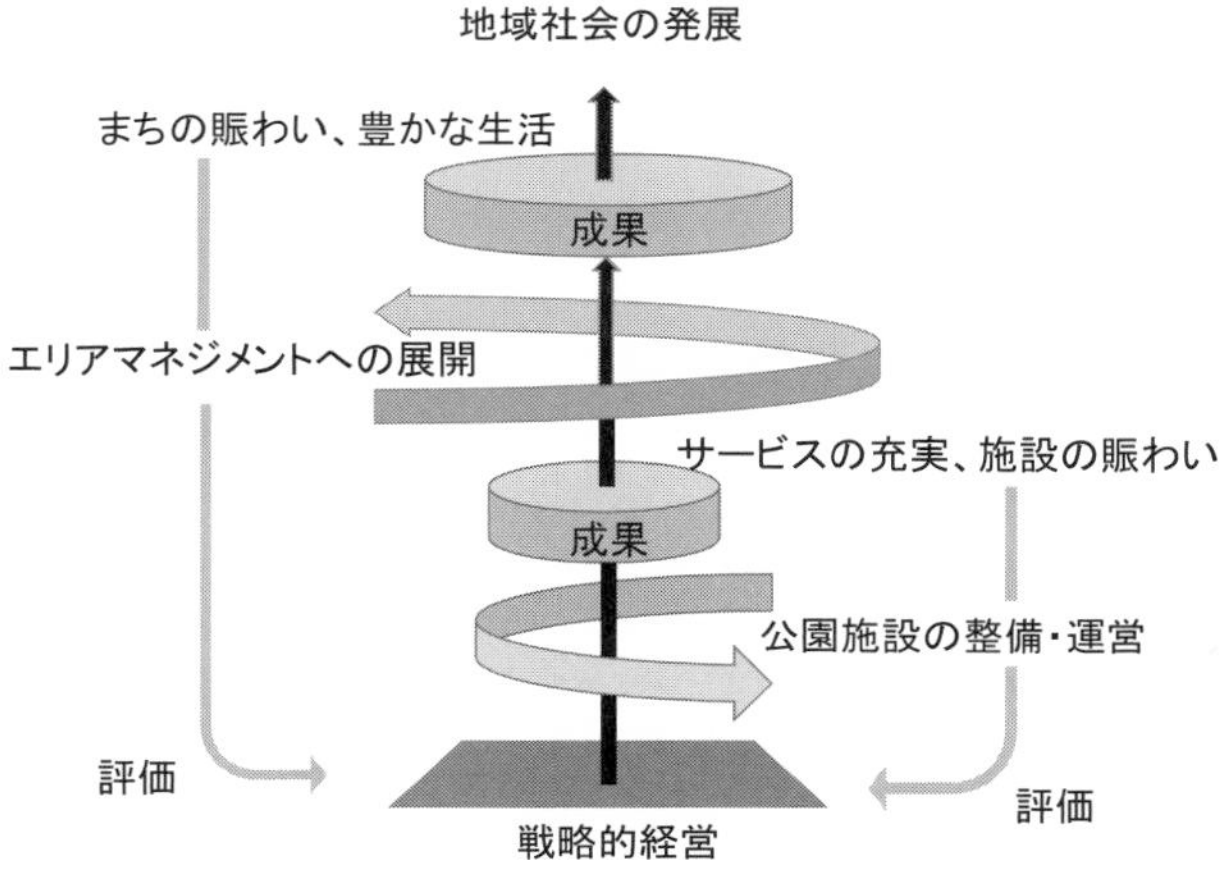

図7　エリアマネジメントに展開するパークマネジメント

パークマネジメントを通じた地域課題の解決

赤澤宏樹

人口減少と社会の変化

「日本の人口が減る」。人口が増え続けることが当たり前の時代を生きてきた、団塊の世代（１９４０年代後半生まれ）から団塊ジュニアの世代（１９７０年代前半生まれ）は特に、人口減少をネガティブに考えているかもしれない。確かに、人口の多さでカバーできていた労働生産性の低さや、貧困家庭の救済、女性の社会進出の低さ等が目立つようになり、政府は様々な支援施策を打ち出している。しかし、人口増加の時代の社会通念を横によけて考えてみると、若くても優秀な社会人がバリバリ活躍できた方が良いし、金銭面に限らず貧困家庭を支援した方が良いし、子育てで大変だけれど女性が社会で活躍できた方が良いに決まっている。価値観としては、人口が増えようが減ろうが改善するべきで、ＳＤＧｓ（Sustainable Development Goals：持続可能な開発目標）が国際社会共通の目標に掲げられているのは必然だろう（図1・注1）。

これらの根底にあるのが、社会的公正：Social Justice である。他人よりも多くのお金を得ることを目標とするのではなく、社会として正しく、公平な

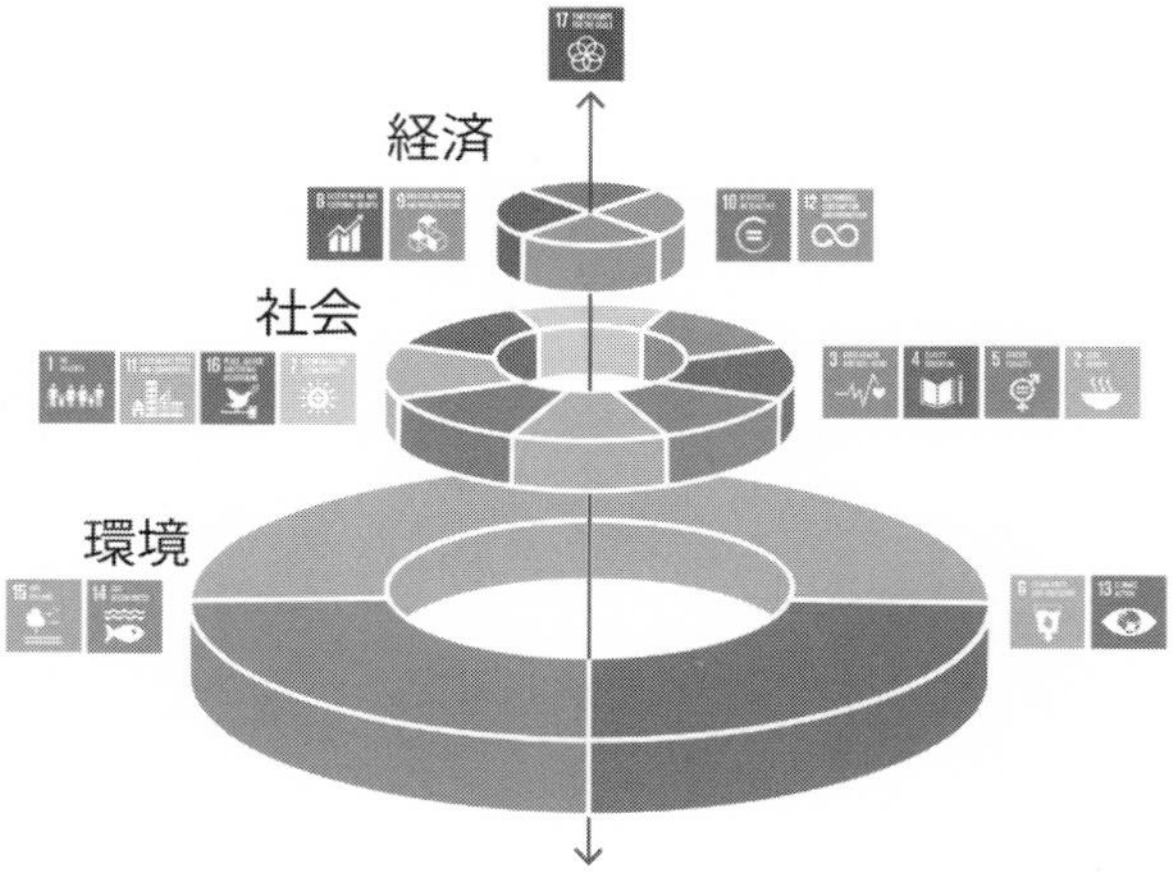

図１　ＳＤＧｓの構成を示すウェディングケーキ

暮らしを目指す考え方である。人口増加を基盤とした高度経済成長時代には淘汰されてきた、社会的公正に基づく取り組みは、人口が減少していく時代であれば受け入れられやすいのではないだろうか。実際に、学生と話していると、「社会の役に立ちたい」「やりがいのある楽しい仕事がしたい」という声が年々多くなっていると感じる。物質的な成長をあきらめても、生活の質の向上はあきらめない「成熟社会」が到来した今日、人や地域の多様な個性をコンテンツにして、正しく楽しく公平に暮らせる地域創生が求められている。

価値観は大きく変化してきているが、問題はどうやって実現するかである。バブル崩壊までは、ハコ物行政と呼ばれるハード整備中心のまちづくりが行われ、一定の成果をあげてきた。その後、ハードを活かすソフトの重要性が叫ばれ、近年では様々な分野、活動、人材が官民の分け隔て無くつながるしくみによって、ＳＤＧｓや社会的公正の実現が進んでいる。ＳＤＧｓのウェディングケーキにおいて、地球環境の上に様々な社会があり、それらに支えられた経済を含めて「パートナーシップで目標を達成」とされていることからも、つながるしくみによって新たなイノベーションが求められている。本書で扱う公園においても、緑が多い空間を適切に更新し、場所や人材の個性を活かした多様なサービスを提供し、経済的にも成果を得ることで、地域課題の解決にまで拡がる取り組みが求められている。

【注釈】

注1 Stockholm Resilience Centre
https://www.stockholmresilience.org/research/research-news/2016-06-14-how-food-connects-all-the-sdgs.html

まちのスキマの再構成

これからのまちでは、人口減少に伴って空間に余裕が生まれる。ニュータウン開発に代表される高度経済成長期の都市開発では、時期も空間もまとまって開発が行われてきた。しかし、これから人口が減る際には、空間がまとまって減ることはほぼ無く、中長期にわたって不規則に、住宅1戸単位で空いてくる。いわゆる空き家・空き地問題や、放棄農地問題による都市のスポンジ化である（注2）。これらの問題に必要な対応は、空いた施設や空間の「再整備」よりも、新たな利用者とのマッチング、まちの変化を促す暫定的かつ戦略的な利用開発、周辺地域の価値を向上させる公共性の付与などの「再構成」である。

このようなまちの再構成に対応して、公園にも再構成が求められる。これまで身近な公園として整備・管理されてきた住区基幹公園（街区公園、近隣公園、地区公園）は、コミュニティの核として様々な利活用とそのマネジメントが本格的に求められる。西東京市で、２０１６年に公園配置計画を策定し（注3）、西東京いこいの森公園及び周辺の市立公園（２０１９年時点で全54公園）を民間事業者による一括指定管理としたことは、代表的かつ先進的な事例だろう。市域に点在する公園群を一括してマネジメントすることで、機能の再配置や統廃合、多様な主体の協働が期待される。

これらの公園ストックの活用に加えて、空いてくる空間を「公園のように」暫定的にマネジメントすることでも、市街地の再編と機能向上が期待できる。千葉県柏市が２０１０年から続けている「カシニワ制度」では、地域の市民団体などが主体的に利用している樹林地や空き地、一般公開可能な個人の庭を「カシニワ＝かしわの庭・地域の庭」と位置づけ、

図2　カシニワのイメージ（柏市）

その利活用を支援している（図2・注4）。公園と、これらの公園のような場所が組み合わさることで、まとまった土地取得が困難なこれからの時代において、多様な生活の質とそれを担保する空間が確保できるだろう。

加えて、民間事業者との協働も期待される。２０１７年の都市公園法改正によって設けられたＰａｒｋ－ＰＦＩが代表的な取り組みとしてあげられる（写真1）。現在は公園へのカフェ整備による賑わい創出が多く見られるが、今後は様々な都市サービス施設が公園において整備されることが期待される。民有地を地域住民の利用に供する緑地として設置・管理・活用する「市民緑地認定制度」も、官民協働の一つの取り組みとして拡がっていくだろう（写真2・注5）。企業や個人が保有する施設や敷地、緑地などに、利便性が高く地域住民から愛着を持たれているものも多く存在する。これらを公的な緑地として位置づけることで、公共の福祉が大きく向上する。

写真1　Ｐａｒｋ-ＰＦＩ制度の先駆けとなった大阪城公園のＪＯ-ＴＥＲＲＡＣＥ（大阪市）

写真2　市民緑地認定制度によって整備された「ノリタケの森」（名古屋市）出典：https://www.noritake.co.jp/mori/info/

注2　饗庭伸（２０１５）『都市をたたむ 人口減少時代をデザインする都市計画』（花伝社）に詳述
注3　西東京市（２０１６）『西東京市公園配置計画』，１３６pp
注4　『使われていない土地を「地域の庭」に！～カシニワのすすめ～』（柏市）
http://www.city.kashiwa.lg.jp/soshiki/141300/p036589_d/fil/kashiniwa.pdf
注5　文化と出合い、森に憩う。ノリタケの森 HP　https://www.noritake.co.jp/mori/info/

公園の新たな価値

生活の質を向上させるためには、都市公園を物理的な空間（Space）ではなく、社会的な場（Place）として捉える必要がある。社会学者であるレイ・オルデンバーグが提唱した「サード・プレイス」は、自宅や職場ではない居心地の良い第3の場であり、カフェやクラブ、公園が代表的なものとしてあげられている。定義された8つの特徴は、全て公園に当てはまり、これを最大化するためのマネジメントとすることでより公園がコミュニティの基盤になり得る。

中立領域：経済的、政治的、法的に縛られることなく集まれる場
平等主義：経済的・社会的地位は求められず、参加の必要条件や要求がない
会話：楽しい会話がサード・プレイスの活動の中核
アクセス：オープンで訪れやすい立地、環境、施設を有する
常連：集まる人々が空間や雰囲気を形成し、新参者にも優しい
控えめ姿勢：無駄や派手さはなく、排他的でない
機嫌よさ：緊張や憎悪を生む会話のトーンはなく、陽気でウイットに富む
第2の家：暖かい感情を共有し、場所に根ざしている感情を持ち、精神的な幸福を得る

更に生活の質を広範囲に捉える概念として、Livable City（住みやすい街）がある（注6）。日本でも住みたい街ランキングが発表され話題になるが、世界中で多くの指標を用いて

Livable City が選定されている。代表的な指標として、①景観の改善・向上、②自然・文化・歴史遺産、③環境配慮、④コミュニティの参画・協働、⑤健全なライフスタイル、⑥将来計画があげられる。いずれも公園が深く関わる内容であり、公園から周辺地域に波及する将来計画（管理運営計画）をつくり実行することで、Livable City を支えることが可能となる。

このような公園の価値を、世界的な公園管理の実務者組織であるＩＦＰＲＡ（現ＷＵＰ：World Urban Parks）が２０１３年にまとめた（注７）。その内容は、①健康、②社会的結束（コミュニティ）、③ツーリズム、④住宅の価格、⑤生物多様性、⑥大気浄化と炭素固定、⑦水管理、⑧都市冷却の８項目からなり、⑤から⑧の存在効果による価値、①と③の利用効果による価値から、②と④の媒介効果による価値まで幅広く提起されている。従来から言われている存在効果による価値は、近年ではグリーンインフラとして広く認められるようになった。利用効果による価値は、①健康は生活の質を支える土台として少子高齢社会において特に必要とされ、③ツーリズムは地方創生の主要要素として期待されている。媒介効果による価値は、②は幼少期は他者との関係性を構築する場として、大人になってからは地域との関係の入口として公園が期待されていることを意味している。④は公園の存在によって地域の安全性、快適性が向上し、良好なコミュニティがつくられることによって、

注６　福岡孝則・遠藤秀平・槻橋修編著（２０１７）『Livable city（住みやすい都市）をつくる＝Creating livable cities』（マルモ出版），１４４ppに詳述

注７　Cecil C. Konjinendijk, Matilda Annerstedt, Anders Busse Nielsen, Sreetheran Maruthaveeran（２０１３）Benefits of Urban Parks - A systematic review -，Ifpra，70pp https://www.worldurbanparks.org/images/Newsletters/IfpraBenefitsOfUrbanParks.pdf

住みたい人が増え、住宅価格（価値）が安定もしくは上昇することが期待されている。

地域課題と公園

地域課題を読み解くと、公園でできる対策は多くある。少子・高齢化が進むといった課題に対しては、子育てしやすい環境をつくることが期待され、子どもの遊びに特化した公園リノベーション、保育所の設置、「子育ての駅」など子育てサポート施設と一体となった公園活用などが考えられる（写真3・注8）。産業誘致がうまくいかないといった課題に対しては、農業振興が期待され、農地付き公園の整備による農的ライフスタイルの受け皿づくり、ファーマーズ・マーケットの開催による地元野菜の魅力発信などが考えられる。商店がすくない地域では、少ない資本での店舗展開やサービスが期待され、公園での仮設的な店舗営業や、青空市によるコミュニティ経済の活性化などが考えられる。行政サービスが低下していくといった課題には、多様な主体による協働の取り組みが期待され、公共性が高い公園でできることは多い。このように、公園の利活用によって対応できる地域課題は広くあり、計画、整備、デザインからマネジメントまで、様々な方法によって解決が図られる。

ただし、課題の解決に際しては、対立構造が存在することが多い。公園の例としては、近年のカフェや保育所の設置がそれにあたる。カフェや保育所は欲しいけれど、公園が減るのは嫌だ、といった類いの対立構造である。パークマネジメントの観点からみると、ただカフェや保育所を作るのも、公園のままにするのも、地域課題を解決するにはデメリットがある。最も居心地やアクセスが良い場所にカフェや保育所を作ると、料金を支払った

写真3　公園と一体整備された「子育ての駅てくてく」（長岡市）

人だけが快適性を享受することになり、公共性が低くなる。サード・プレイスとしても機能しにくいだろう。だが、カフェや保育所を作らず公園のままにしておくと、にぎわいや子育て支援といった新たな機能が生まれない。

ロンドンのセント・ジェームスパークには、テラスやエントランス周辺に無料席を整備したカフェがある（写真4、5）。テラス席は一定時間予約もでき、これら無料席はカフェの管理者によって適切に管理・運営されている。カフェを作り管理者を定めることで、快適な食の機会と、池を眺める最高の居場所と、席が取りにくい利用者への配慮が全て実現している。カフェか公園かといった対立構造を、「経営」「利用促進」「維持管理」の観点から、カフェがあることで公園利用者の利便性も向上するよう解決している。保育所についても同様に、隣接する公園敷地に保育所が遊具を設置する、もしくは隣接する樹林を間伐して子どもも安全に遊べる林床を保育所が整備すれば、公園と一体となった保育環境が生まれ、公園利用者も保育園が使用していない時は新たな環境を楽しむことができる。単に空間を取りあうのではなく、互いのメリットを重ね合わせてマネジメントすることは十分可能である。

地域をつなげる公園

地域課題を解決する方法の1つに、地域をつなげる「場」として公園をマネジメントす

注8　子育て支援（てくてく）ＨＰ（長岡市）
https://www.city.nagaoka.niigata.jp/kosodate/cate99/tekuteku/index.html

Enjoy drinks on the terrace with views over St James's Lake
Terrace available for private hire.
Enquire within or email sjpevents@benugo.com

写真4　右／無料席も設けられたセント・ジェームスパークのカフェ（ロンドン市）
写真5　左／屋上テラスは普段は無料開放だが、予約をすることもできる

ることがある。一般市街地には、旧集落の地区や再開発地区、個別に住宅更新が進む地区など、様々な履歴を持つ地区が重層している。それぞれ異なるコミュニティを持つことも多く、まちの個性を活かすために地域をつなげることが求められる。

様々な人種が異なる履歴の地区に住むアメリカでは、コミュニティをつなげる「場」として公園が活用される。テキサス州ダラスに整備されたクライド・ウォレンパークは、再開発が進む中心市街地と、低所得者層が居住し空洞化が進む地区をつなげるために、両者を分断するハイウェイに蓋をする形で整備されたものである（写真6・注9）。ダラスらしい小規模店舗で賑わいを創出しようと、若いスタートアップの事業者にヒアリングしたところ、出店に必要なことは「一定以上の利用者数」だった。そこで中央の芝生広場で毎日無料イベントを開催することとし、その利用者が店舗で飲食し、売り上げの一部で公園のマネジメントを行うという循環を創り出した。何回かの社会実験の結果、夜でも利用者がいることがわかり、アメリカでは珍しく24時間オープンの公園となった。常に人がいるため、治安も良くなった。このように、無料イベントの運営といった公共性が、地元の小規模事業者の市場性を支え、それによって生まれた賑わいが公園の管理運営や安全といった公共性を支えるといった好循環が、マネジメントによって維持されている。クライド・ウォレンパークの経済効果として、13億ドルの経済的影響と実質的な新規税収、2018年までに公園を囲む2ブロックの人口が8・8％増加、隣接する未開発3エーカーの不動産価値が2008年の3230万ドルから9110万ドルに増加など報告されている。

地域課題を解決する方法として、暮らしをつなげる「コト」を公園で展開することもあ

写真6　地元の出店が並ぶクライド・ウォレンパークのPedestrian Streetscape（ダラス市）

げられる。物理的には離れていても、例えば近郊農村の素晴らしさを公園で享受するなど、「コト」を介して地域の個性をサービスに変えることができる。日本では、農地・農村を有する自治体が多く、食を通じた健康を享受できる。アメリカのカリフォルニア州デイビス市（人口約7万人）では、1970年代から続くファーマーズ・マーケットが、市の中心部にあるセントラルパークにて毎週水・土曜日に開催されている（写真7）。優良な近郊農業者から提供される、安価で新鮮、かつ出所（近郊）がはっきりとした農産物を購入することができ、市民の健康的なライフスタイルを支えている。加えて、利益は市内もしくは近郊の農業者が得ることになり、地元への経済的な効果は極めて大きい。地元レストランへの農業者の紹介も行っており、ローカルビジネスの場として公園でのファーマーズ・マーケットが機能している。日本でもファーマーズ・マーケットが開催される機会が増えてきている。本来の目的の1つである「生産者と消費者のフェイス・トゥ・フェイスのマーケティング」を持続的に行うには、ファーマーズ・マーケットをいつもの場所で楽にリスクを抑えて開催することが望ましい。デイビス市では、公園に屋根だけの施設を整備することで、農業者は車をつけるだけで開店準備ができ、雨が降っても必ずマーケットを開催することができるようになっている（写真8）。いつもの公園でいつもの生産者と話して野菜を買うことが、生活の質にもローカル・エコノミーにも良い影響を与えるのである。

注9 American Society of Landscape Architecture（ASLA）HP
https://www.asla.org/2017awards/327692.html

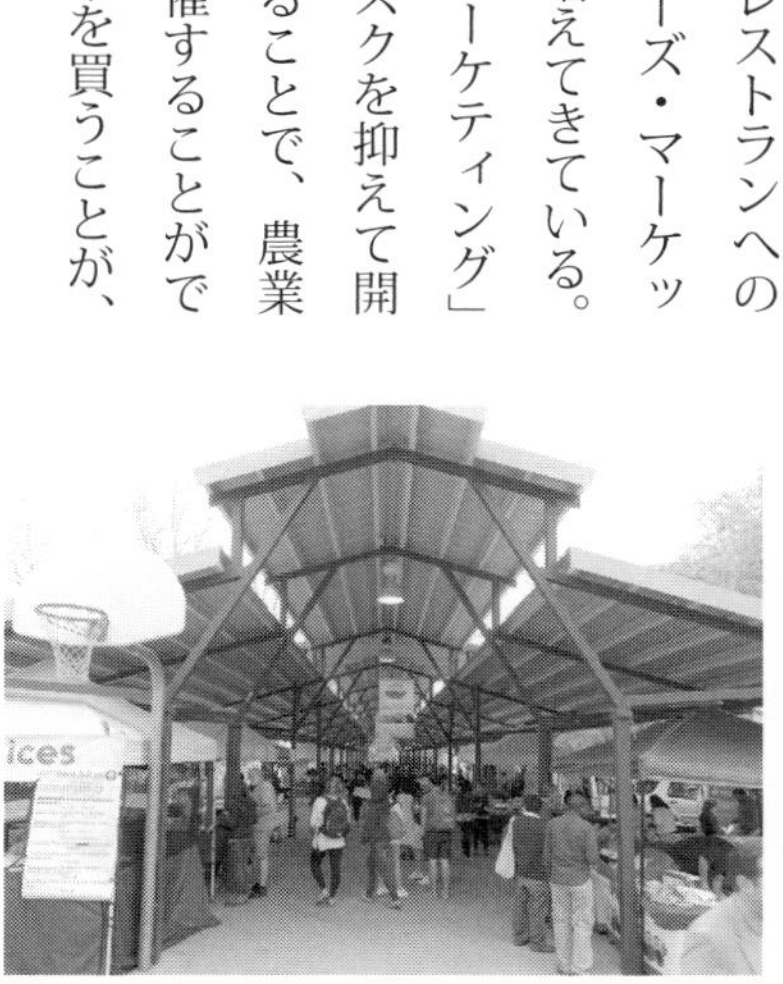

写真7 右／近郊農家のフレッシュな農産物が並ぶファーマーズマーケット（デイビス市）
写真8 左／確実かつ簡易にファーマーズマーケットを開催するための施設整備

人をつなげる公園

地域課題を解決するためには、人をつなげるしくみも欠かせない。公園でもボランティアや協働の取り組みが進められてきたが、近年はよりゆるやかで自発的なものに移行してきている。協働の考え方が、目的を共有した上で、所属も活動も自由に行うことが前提となっているからだ（図3・注10）。

大きな転換期となったのは、２００１年に開園した兵庫県立有馬富士公園の管理運営である。大規模公園としては全国で初めて管理運営計画を策定した本公園では、「ゲストからホストに」を掲げ、応募者がやりたいことを公園プログラムとして企画する「夢プログラム」を実施した（図４）。それまでは公園管理者が活動を決めて参加者を募集する、いわゆるボランティア形式がほとんどを占めていたが、どんな活動希望がでてくるかわからない方法を採用したのである。別の言い方をすれば、管理者が予想もしていない人材が応募するチャンスをつくったのである。加えて、多様なホストが協力しあい、互いのやりたいことを実現するために、管理運営協議会を設置した。

現在では、まちづくり分野で多くみられる「この指とまれ」方式を採用する公園もある。兵庫県立尼崎の森中央緑地では、公園を使いたい、もしくは興味

	立場	活動	目的
共同	同	同	同
協同	異	同	同
協働	異	異	同

県立有馬富士公園「夢プログラム」募集
～「ゲスト」ではなく「ホスト」として
公園の一役を担ってみませんか～

県立有馬富士公園は、三田市の里山のシンボル有馬富士の山すそに広がる計画面積416㌶の大規模な都市公園です。
同公園は、全国的にも珍しい、県民が計画から運営までかかわる「県民参画・協働型の公園」を目指しています。兵庫県、県立人と自然の博物館、三田市、兵庫県園芸・公園協会が連携して、県民の皆さんとのパートナーシップによる公園づくりをしていきます。
いま同公園では、手づくりのイベント「夢プログラム」を企画・実施してくれる住民グループを募集しています。これは、公園を活用して子どもたちに遊びや創作活動を提供していこう、というもの。募集対象は、プログラムを企画し、責任を持って実施できる2人以上のグループです。詳細は、下記へお問い合わせください。

問い合わせ／県立有馬富士公園パークセンター
☎0795(62)3040　ファクス0795(62)0084
三田市立有馬富士自然学習センター
☎0795(69)7747　ファクス0795(69)7737

県立有馬富士公園パークセンター

国際シンポジウムの開催
自然・環境活動の先進国であるアメリカやイギリスから講師を呼び、実践的に公園づくり、遊び場づくりをレクチャーしてもらいます。自然・環境活動の団体・専門家から、公園で遊ぶ一般の方まで、みんなで楽しく環境づくりを考える場にします。

●講演、パネルディスカッション
日時／9月29日午前10時～
場所／県立人と自然の博物館
参加費／無料

●ワークショップ
日時／9月30日午前10時～
場所／県立有馬富士公園
参加費／無料

申し込み・問い合わせ／県立有馬富士公園　運営・計画協議会・シンポ実行委員会 ☎0795(59)2025

図3　上／立場や活動を異とする主体が同じ目的に向かってつながる「協働」の考え方
図4　下／参加者から活動の企画を募った有馬富士公園の「夢プログラム」（三田市）

がある人が毎月集まり、やりたいことをプレゼンして仲間やアイデアを募る「森の会議」を続けている（写真9）。メンバー登録を必要とせず、毎回来たい人が来るので、参加者の固定化や、新しいメンバーが入りにくいといった状況は生まれにくい。この森の会議は、公園でのプログラムを実行するしくみであると同時に、公園に集まってきた人をつなげるしくみでもある。自らのライフスタイルに応じて、公園を媒介としたコミュニティの結束が見られる。

地域内の様々な公園や緑地において、人をつなげるしくみもある。神戸市東灘区の深江地区では、地区内の公園や緑地での活動を、まちづくり協議会の枠組みでつなげている（図5・注11）。コミュニティガーデンで活動する主婦がまちかど緑化を手伝い、公園でプレーパークを行う団体を自治会が支えるというように、公園や緑地での活動を人がつないでいる。これから進むであろう小規模公園の一括指定管理の、1つの目標像かもしれない。

注10 近畿大学・久隆浩教授の作図を基に筆者作成

注11 田中康（2005）：復興まちづくりを契機に「地域力」を育ててきた緑のコミュニティ：ランドスケープ研究68（3），221-224

写真9　様々な企画を持ち寄り、その場で協力やルールについて話し合う兵庫県立尼崎の森中央緑地の「森の会議」（尼崎市）

図5　公園やコミュニティガーデン、小学校、保育園など様々な場所と人材がつながる深江地区の緑（神戸市）

社会的包摂を支えるパークマネジメント

米国の特にリベラルな州において、公平（Equity）や社会的公正（Social Justice）といった言葉をよく目にする。本来は社会保障や福祉を裏付ける思想だが、近年はより広い社会増を示すことが多い。平等の概念では社会的弱者は不利なままであるため、公平の概念で積極的に救済しようという考えである（図6・注12）。

例えば公園で、子どもの遊ぶ声がうるさいという苦情があると、会話禁止の看板が立つことがあるが、子どもの声が反映されることはほぼ無い。苦情元の大人1人と、公園で遊ぶ全ての子どもを平等に扱って、得た最大公約数の答えが「みんな静かにする（会話禁止）」である。公平の概念の元では、「子どもは騒いで遊ぶものだから、大人が少しくらい我慢しよう」「ひどい場合は誰かが注意しよう」という互いの配慮を選択する。子ども同士のトラブルについても同様である。公園は、周りが怪我しないように気をつけて遊ぶ、知らない子に順番や場所を譲ってあげる、年齢の違う子どもと一緒に遊ぶなど、子どもの社会性を養う貴重な場である。禁止事項を決めることは、子ども達がトラブルを通じて成長する機会を奪っていることになる。それに、何かする度に禁止看板が増えていく地域に、誰が住みたいと思うだろうか。

トラブルへの対処を全て全体ルール（禁止事項）にするのではなく、最低限のルールと、それを守った上でのマナーを共通認識として持つことが求められる。そうでないと、アメリカで見られるように、法律や条例で暗くなると公園に入ってはいけないと定めるなど（写真10）、公園がどんどん自由空間でなくなっていく。近隣公園や地区公園で24時間利用調査

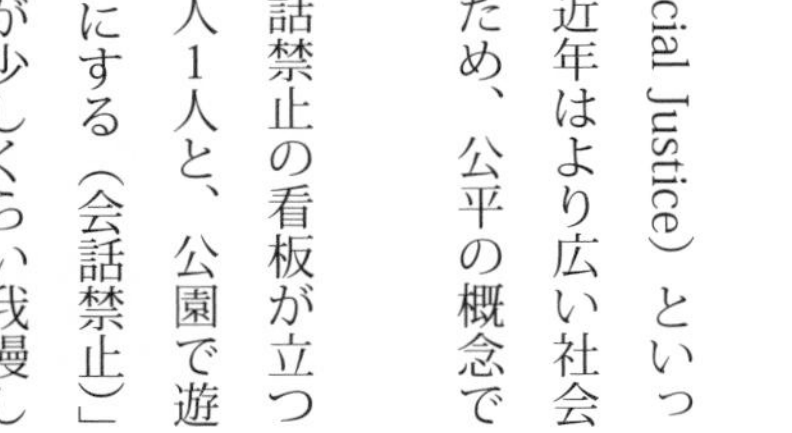

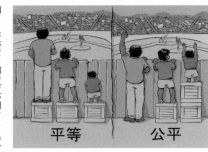

図6　平等だと弱者が不利なままで、公平にするには社会的配慮が必要

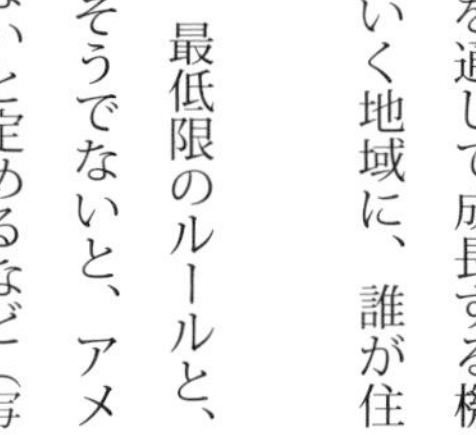

写真10　夜明けから日没までに利用が限られるアメリカの公園（デイビス市）

を行うと、早朝はウォーキングやラジオ体操、お昼までは就学前の子どもを連れた親子、学校が終わる頃には小学生や中学生の運動量の多い遊び、夜はまたウォーキング、という利用が見えてくる。これらの時間帯毎の住み分けを理解し合い、静かに過ごしたい人には午前中の利用を促すなど、利用者のニーズと実態をあわせることで快適に過ごすことは可能である。キャッチボールも時間帯と場所を定めれば怪我無くできるだろうし、ドッグランも犬がパニックにならないルールを飼い主達が考え定めることが最適解につながる。プレーパークの「自分の責任で自由に遊ぶ」といった理念は、利用者が定めるルールの最終形の1つかもしれない（写真11）。

このようなトラブルを相互理解の元で積極的に乗り越えていけば、公園は社会的な遊びの場、世代間交流の場、健康や公共の福祉の増進の場、地域の自然環境の理解の場、安全・安心や防災・減災の場など、地域課題を日常生活の中で解決できる場として機能する。そして、多様な価値観やライフスタイルを持つ市民が、これらの取り組みを通じて社会参画することで、地域の社会的包摂（Social Inclusion）が醸成されることにつながる。これは個別の公園での取り組みに留まらず、公園全体とパークマネジメント自体が持つ本来的な役割である。都市の自由空間である公園は、若くても高齢でも、女性でも男性でも、お金があっても無かっても、ずっと住んでいても新規居住者でも、誰もが社会に参加する入口なのである。

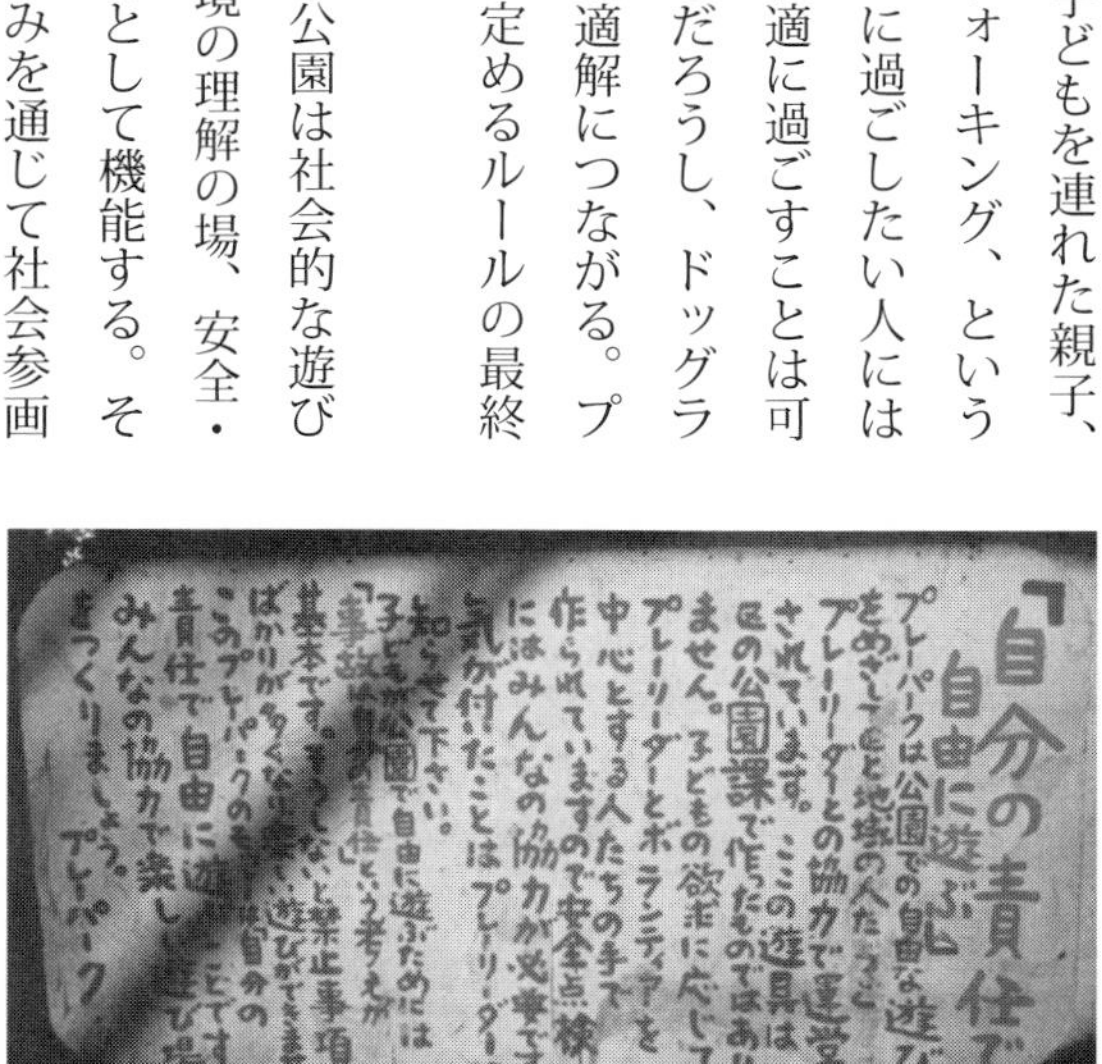

写真11　羽根木公園プレーパークのルール「自分の責任で自由に遊ぶ」（世田谷区）

注12 Interaction Institute for Social Change
http://interactioninstitute.org/illustrating-equality-vs-equity/

パークマネジメントの構造

小野　隆

公園の再評価

公園は、「社会的、経済的に健全で、身体的に健康で満たされた生活」に貢献する存在である。そして、公園をはじめとするグリーンスペースが、地域経済・雇用・住宅環境の充実・子育て・教育・公衆衛生・防災・犯罪抑止・地域コミュニティの醸成など、およそ都市が抱えている多くの課題の解決に関与できる都市インフラとして見直されている。

21世紀に入り国家の時代から都市の時代の到来が謳われ、魅力ある都市環境の形成に公園の役割は重要で影響力が大きいにも拘らず、公園への再投資や維持管理の在り方についての財務的な見解は厳しく、なかなか予算を獲得しにくい現実が日本ではある。公園が持つ多様な機能と可能性を理解するためには、河川や道路といった他の都市基盤と同じようにとらえるのでは不十分で、維持管理のさらに先にある「社会的、経済的に健全で、身体的に健康で満たされた生活」に貢献する「機関」ととらえる必要がある。「機関」とは、社会的な目的を実現するために、社会、コミュニティ、個人が要求するものを提供する「仕組み・組織」を意味し、マネジメントは、「機関」を機能させる方法であり行為をさす。

公園は、官によって整備され、市民に提供されている公共物である。公園が、ほかの公共物と異なる点は、「市民が公園づくり（注1）に参加するプロセス」を重視しているところにある。市民だれもが、公園を利用することができ、利用（活動）を通して、様々な恩恵が得られ、社会性も供与されている。

こうした点に着目し、公園を共有される社会装置ととらえ「都市におけるコモンズ」「都市コモンズ」（注2）とする考え方が20世紀の終わりの頃から出てきた。公園を「機関」とし、マネジメントの対象とするとき、公園の利用・管理のそれぞれの主体、それらを統治する仕組み（ガバナンスの在り様）を理解することは重要である。それらを理解する上で、コモンズの研究は助けとなる。

コモンズ（commons）は、もともとは英国の国有地である原野に、住民たちが牛を放って、牧草地となった土地を指し、入会地とも訳されるが、コモンズの研究での最初の定義は、「共同で利用管理される資源＝共有資源」、またはその「管理制度」を意味する。古典的なコモンズの例は、地下水、ため池などの水資源、漁場や牧草地、林地などがある。古典的なコモンズは、いずれも「分割して個人で管理することが難しい」という点と、「誰かの利用が他者の誰かの割り当てを減らしうる」という特徴を持っているとされた。これに対して、

【注釈】

注1　公園づくり：「公園は整備で終わるのではなく、そこから公園づくりが始まる。」というフレーズは公園関係者がしばしば口にする。植栽など成長する要素もあるが、公園を媒体として人々の活動が醸成され地域との関係が構築されていく事象を重視しているゆえの考え方である。

注2　都市コモンズ（Urban Commons）：都市でローカルコミュニティが共有する空間、資源からの受益を担保するための仕組みとその対象。古典的なコモンズから発展した概念。私有と公有の明確に分かれる都市社会で利他的な共同性を再構築する上で手掛かりとなる資源とも考えられ、縮小する都市の課題解決のカギとされる。

近年のコモンズの研究では、資源ばかりでなく、もたらされる恩恵も含められるようになり、「それらの資源や恩恵」と「多くの人が資源・恩恵を永続的に甘受できる管理の仕組み」としてコモンズを捉えるようになった。新しいコモンズでは、都市空間、デジタルシステム、文化や知識、といったものもコモンズとしている。拡大されたコモンズの概念では、利用が必ずしも他者の利用を制限しないものも含まれる様になったため、資源や恩恵を享受するためのコモンズ維持負担を如何に共有するかという課題に関心が移ってきた。

コモンズの課題の根底には、社会の在り方を問うところがあって、個人の合理性と全体での合理性の矛盾を「ルールを決める過程によって」どのように解決するかという問いかけに他ならない。社会の在り方の対象は、身近なごみ集積場の運用から公園の管理運営、行政財務、資源管理から地球規模の環境問題までにも及ぶ。

コモンズの管理の在り方には、共通したフレームがある。「だれが」「どういう権力のもとで」「だれを」「制御して」「その資源を活用する」で構成されている。これらは、マネジメントでのフレームと同じで、マネジメントの構造を理解する上で役立つ。

①「だれ（A）が」：管理の主体
②「どういう権力のもとで」：①が行う④の実効を発揮するため権力の在り様
③「都市公園のだれ（B）を」：利用の主体　しばしば、①に相似するB∽A
④「制御して」：管理の仕組みやルール、運用のための活動も包含
⑤「その資源を活用する」：どのように資源を活かすかと問う

「その資源を活用する」の意味するところは、①から④までの結果を示しているだけでは

なく、どのように資源を社会に活かすのかという①の意思（ときに使命と呼ぶこともある）が示される部分である。市場原理にこれをゆだねるなら経済性がこの意志の原動力となる。

パークマネジメントでは、パークマネジメントプランによって、公園管理の主体①が、③利用の主体・市民に、①の使命と実行する方針を示しその関係性を明らかにする。パークマネジメントプランは、公園という社会装置をどのように機能させるかを示した市民との約束・覚書である。米国で由緒ある都市公園の一つ、ボストンコモン（The Common）のパークマネジメントプランは、市会議員選挙と同時に選ばれる評議員によって作成され、市長の承認をもって予算措置と共に実行に移される。そこには、5年間のボストンコモンでなされるべき使命（ミッション）が示され、それを実施するための体制や施策が掲げられている。プランには、これまでの歴史や管理の経緯、そして何よりボストンコモンの役割の遷移が書かれるのは、これからの5年間のミッションの正統性を示すためである。

コモンズの資源管理の主体により分類した管理の在り方は、つぎの3つである。

①政府による管理

②資源の分割、私有化などによる市場原理の導入による管理

③有資源に利害関係を持つ当事者たちによる自主管理

最初の2つは、「コモンズの悲劇」（注3、4）で有名な生態学者のハーディン（Garrett Hardin）が説いた考えである。そして3つ目の考え方は、「コモンズの悲劇」において一旦は、個人の合理性のみでは全体が成立しないと否定された考えである。しかし、「コモンズの悲

劇」に端を発して研究が進み政治学者のオストロム（Elinor Ostrom）が、多くの事例を観察したのちに、コミュニティによる共同管理（注5）の優位性を経済学的に、ゲーム理論を用いて説明したことで3つ目の方法として位置づけた経緯がある。どの手法にも長所短所があり、管理が成立するための条件が解ってきている。

コモンズの研究は、当初、資源の利用過多による資源の劣化がテーマであり、資源管理の上で誰がイニシアティブをとるのが合理的か、その仕組みについて行政権力と市場原理から解こうとしたのにはじまり、これに一石を投じたオストロムが、一定の社会的関係性を担保する者が構成する集団での管理の合理性を説いた。それは同時に、不特定多数が利用する公共財を政府以外が管理する場合に生じる問題を際立たせることにもなった。特に、社会装置としてのコモンズの維持管理に労務を供給することから逃れ、その装置の利用を甘受するフリーライダー（注6）の存在は、一定の社会的関係を築いた集団による管理の仕組みを崩壊させかねないと考えられた。

コモンズの概念が古典的コモンズから新しいコモンズを扱うようになると、「利用過多」だけでなく「過少利用」、そして社会装置の「維持」に焦点を当てるようになる。さらに、コモンズ研究の関心は、「人々が資源や社会装置を共有しようとするか、そして資源や社会装置を共有する過程、そこに至る利害関係者の行動は何をもって動機づけられるか」という、ライフスタイルの変化や技術革新からくる価値観の変化に対応するコモンズの価値評価に係る課題に焦点は移った。

コモンズの概念がパークマネジメントで参考となるのは、「人々が資源（公園）を共有しようとするか、そして資源（公園）を共有する過程、そこに至る利害関係者の行動は何をもって動機づけられるか」ということころである。アメリカにおいて起こった１９８０年代の都市公園の荒廃から２０００年以降の都市公園の価値の再発見と都市計画への巧妙な組み込みの背景にある価値観のパラダイムシフトがどのように起こったのか。市民が、公園が提供する「空間と時間」を社会資本として再認識したことが大きな変化につながっている。公園の活用価値があるとする市民の考えは、公園を所轄する行政の施策方針や議会に大きな変化をもたらした。

注３　コモンズの悲劇：資源が誰でも利用できる共用財（コモンズ）になると、無秩序に使われて枯渇してしまうという経済学の法則。牧草地が誰でも自由に入り込める共有地の場合、自己の利益を最大化させようと牛を飼う人が殺到、牧草が食べつくされるという悲劇が起こると説明した。ハーディンは、このたとえ話で「個々の配慮のない行動が、環境を損なうこと」を主張したかった。

注４　コモンズの悲劇の解決策：ハーディンは、①政府による管理、②資源の分割、私有化などによる市場原理の導入による管理が必要だと指摘した。政府による管理では、画一性、実効性に優れてはいるが、管理効率の低さ、状況変化への対応の遅れ、モニタリングコストがかさむことが課題とされる。市場原理を導入する場合では、資源供給の公平性は担保できても公正性に課題が残るとされる。

注５　当事者たちによる自主管理：当事者たちが形成するコミュティにおける信頼関係が、運用ルールの基盤となる。日常的な利用が相互監視などの機能を果たしモニタリングコストが低く効率的。また資源の状態を的確に把握できるので適切な対応が取れ合理的な管理が運用できる。維持に係る労務共有の負担が増えると不安定化する。

注６　フリーライダー：ただ乗りの意、構成員としてなすべき義務を果たさず、ちゃっかり利益や恩恵にあずかる存在。経済学では、供給のための対価を払わないで便益を享受する者を指す。

官主導の公園管理

公園は、官が定め、整備し、管理するというところからスタートしているため、その施策目的や運用については、官がイニシアティブを持っており、官が主導的に戦略を立て管理してきた。

人口が増え都市化が進んだ高度成長の時代では、子育てや国民の体力増進など様々な利用圧があり、都市の必需品としてのパークシステムが整えられた。利用圧に対抗する為、公園では利用を規制するルールがつくられ、官により利用がコントロールされた。この体験が市民に「公園には制限が多く使いにくい」という印象をつくり、公園は官のものという市民の認識につながっているのかもしれない。

高度成長期の後、この官主体の公園の管理方法は、多くの公共サービスと共に、財政見直しの俎上に挙げられ、市場原理にさらされない効率性の課題を指摘された。詳細の個別評価を受ける機会も少ない中、行政コスト縮減の必要性からＰＦＩや指定管理者制度の導入につながっている。

この民間の公園管理への参画は、コモンズ管理の在り方の２つ目、市場を通じた経済取引によって公園の資源「空間と時間」配分する手法には当らない。官による主導性を保ちつつ、官による管理の効率性を民間参入によって改善するもので、一つ目の手法の改良型といえる。この制度の運用においては、いまだ、管理水準の適正さや、本来の公園サービスの在り方についての議論が続いている。

市場を通じた経済取引を介した公園管理

都市公園の場合は、公園資源たる「空間と時間」を独占し直接市場に出すわけには行かず、また、商業ベースでの遊園地やテーマパークなどの装置産業と同じように投資や管理運営コストを担うために、高額な入場料等を徴収することもできない。しかし、観光など集客装置として公園をみなし、公園内や隣接地において一般的な商活動を展開することで収益性を担保しつつ、公園の心地よい「空間と時間」を提供する仕組みを維持することは可能である。集客力のある商業環境と市民に広く提供する心地よい「空間と時間」の方向性を一致させることがこの仕組みの醍醐味である。国内での例としては、大阪城公園におけるパークマネジメント事業（ＰＭＯ事業：Park Management Organization）が代表的である。およそ１００haの広い公園内のいくつもの収益施設とイベント興行で得た収入で公園全体の維持管理を行い且つ、収益の一部を大阪市に納めている。そして公園の豊かな「空間と時間」は、「大阪城公園」を訪れるすべての人々が甘受できる。資源を利用する観光客がフリーライダーとされる事はない。大阪城の事業においてフリーライダーとなるのは、集客の恩恵を利用して域内で、例えばお土産屋や飲食事業を行う、ＰＭＯに入らない園内事業者である。

もう一つの成果を上げている市場原理を組み合わせて公共空間の管理を行う手法として、ＢＩＤ（Business Improvement District）がある。特定の地区においてビジネス改善に取組む不動産所有者で結成される運営組織によるエリアマネジメントモデルである。もともとは商業地区などでストリート（通り）を同じくする事業者が、歩道管理の資金を出し合って行う習慣がその起源とされている。そのような背景から清掃や安全パトロール、パブリックスペースの改善などがＢＩＤ組織の主な役割となっている。その対象地区に公園が隣接していればそれを活用しようと、公園管理に乗り出すことも起こる。ＢＩＤは中小企業局など公園の所轄とは異なる制度であるため、公園管理にかかわる場合は別途、公園部局との協定などが結ばれる。日本においても大阪市が日本型ＢＩＤ条例を２０１６年に制定している。ＢＩＤによるエリアマネジメントにも課題が指摘されている。もともと事業環境の改善を目的とした組織であるがゆえに、公共空間の商業化など地区の経済環境の変化が伴う。その変化は、例えば地価の上昇を招き、小規模店舗の生産性と不動産価値のアンバランスを生じさせ、事業が成り立ちにくくなるなどの弊害を起こしたりする。社会的弱者の排除につながるのではないかとの懸念などが指摘されている。日本型ＢＩＤ条例はその点を考慮し、組織への参加者に事業者、不動産保有者のほかに市民を加えるなど配慮の検討がなされている。

ＢＩＤの説明でエリアマネジメントが出てきたので都市公園管理者との関係に少しふれておきたい。エリアマネジメントは、公園管理者が関与しうる領域ではあるが、エリアマネジメントの主体は、地域市民であり、事業者であり、不動産所有者であることからすると、公園管理者は、その利害関係において対等とは言い難く、あくまでも従の関係でサポートする側に回ると考えられる。それゆえ、従来から公園管理者に携わっているというだけの理由では、場合によっては、管理者の立場をエリアマネジメントグループに明け渡す場合も生じる。しかし、ＢＩＤの仕組みの中で公園管理者が事業に参画する手立てはある。先にも述べたＢＩＤにおける商業目的が優先されすぎる課題に関して、サンフランシスコ市はＢＩＤに相当する制度・組織をCommunity Benefit Districtとし、地域コミュニティの利益に配慮した組織運営を行うように指導している。市では、ＣＢＤ組織運営の意思決定を行う理事会に市民代表を加えることを義務化している。

ＢＩＤ制度を、商業的な連携だけでなく地域の便益にも配慮した仕組みとして機能させるには、一貫性のある主体として市民が理事会に参加する必要がある。しかし、都市に住む市民は、地域に長く定住している住民とは限らず、むしろ、流動性の高い住民が多い。そうした事情から、住民の流動性を前提とした現代に合った住民の意見を代表できる仕組みの開発が望まれる。都市公園管理者が地域の代表事務局として、市民の意見を取りまとめ代表を送り込む機能を受け持つならば、ＢＩＤ組織に対等な立場で参加できる可能性がある。このようなケースでは、公園管理者がいかに流動的な市民の意見をくみ取り、一貫性のある意見を代表しているかを正当化する役割をパークマネジメントプランが担う。市民に認証されたパークマネジメントプランに、地域にかかわる市民の「意志」を引き継ぐ機能を期待したい。

市民が参加する公園管理

都市コモンズの日本での関心は、今後の人口減少に伴い縮小していく既成の市街地、地域コミュニティの再生にどう取り組むかにある。公共財産を効率的に管理する為には、資源（社会機能）からの利益甘受と対となる資源（社会機能）維持のための労務供給のバランスが重要となる。「人々が資源（社会機能）を共有しようとするか、そして資源（社会機能）

を共有する過程に於いて、利害関係者の行動は何をもって動機づけられるか。」ということを明らかにしていく必要がある。市民がそれぞれの社会機能についてコモンズ（共有資源）としての価値をどのように見出すかと点も重要になってくる。

都市部の住民は、古典的なコモンズの住民と比べ、流動性が高い。都市では、その地区に長く住む人の割合よりも流動性の高い住民の割合が大きく、コモンズの担い手としては、構成員の同質性や将来における関係維持の保証が低い。このことから共同管理によるコモンズを成立させるうえでの構成員の「関係性の長期性」「地理的接近性」「密な相互作用」といった構成員同士の絆を成り立たせていた要件の代替を何に求めるかがカギとなる。

公園は、その必要性や住民の要望に応えて建設されていた時代、地域にある自治会など基底的な組織を活用して公園管理の協力を得てきた。公園愛護会などもこうした基底的な地域組織に支持されて形成された。時代の経過とともに、自治会などでの高齢化や組織活動の衰退などが生じている。協働のすそ野を広げるため、アドプト制度などにも取組み、企業市民、家族単位、個人単位での参画も公園に受入れてきている。公園での市民参加の枠組みのベースには、自主性を尊重する気風がある。興味深い社会観察がある。「自治会長がきちんとしているところは、仕事の割り当てがしっかりしているので公園がきれいになっているという前振りで見に行ったが、実際には、公園で自主的な花壇の手入れをする人や、子供会・敬老会で利用が盛んな公園が、結果的に自主的な管理行為が行われていて整っていた。さらに当事者たちに聞くと、おかげさまで、皆に喜ばれることがうれしいと答えた。」という。公園で清掃活動していた市民は、公園がもっと利用されることに期待するなどフリーライダーという概念さえ持ちえない様子であったという。公園における市民の自主性の発揮は、今後の社会形成を考える上で見過ごせない要素である。

社会的存在としての人と公園

人は、個としての存在と同時に、社会的な存在としてある。ドラッカーは、社会的な存在としての人が、活躍し、貢献し、自己実現する為には、社会が社会として機能する必要があると云う、そのための3つの条件があると説いた。一番目の条件は、ひとり一人に位置づけがなければならない。なければそれは群衆で関係性を持ちえない。二番目にひとり一人に、役割がなければならないという。役割がなければ、烏合の衆でしかない。三番目は、その社会に存在する権力（注7）に正統性（注8）がなくてはならないとしている。いま、多くの公園でテーマコミュニティを活性化させる取り組みが行われている。それらの公園の管理者は、市民に寄り添い様々な自己実現のための活動を支援したりきっかけを提供した

注7　権力について：私の理解によれば、他人に対して何かをさせたり、何かを抑止したりする力。一般的には、優越した意志力、主体間に働く拘束意志力。「優越した」とは、他の主体意思に対する意志の力量の優越であって、その質や価値の優越を条件にしない。「意志力」は、思惟、希求するだけでなく、それを貫徹しようとする意地に支えられた志向でしばしばこの強弱が権力の決め手になる。

注8　権力の正統性：P・F・ドラッカーは、社会が社会として成立する条件の三番目に、そこに存在する権力に正統性がなくてはならないと述べている。彼は、正統性についての中身を重視してそう言ったのではなく、社会の成立する条件として、権力が納得できなくてはならないと言っている。社会の構成員が納得できるのであれば、世襲であろうが、神託であろうがかまわない。それの良し悪しは問うていない。社会が社会として機能する条件が「正統な権力」なので、権力はしばしば質・価値の優越、つまり正統・正当を言い立てる。権力が権威を欲するのはそんな事情がある。

りしている。結果として、居場所を提供することになり、ひとり一人の位置づけや、役割が見出されている。その小さなコミュニティでは、存在を許容することがいわば、権力の正統性、場と時間が認められていることが三番目の条件を満たしている。複雑な社会の中で過ごしている現代人にとって、あまりにも複雑化した社会に疲れることもあるだろうし、その中で自己を見失う。シンプルで基本的な社会性を経験させてくれ「社会との関係性をリセットしてくれる」機関としての公園の価値は高い。あらためて、公園は、何を人々に提供しているのか。公園がもたらす資源は「空間と時間」としたが、正しくは、「空間と時間」は触媒であり、資源は人、生産されるのは人々の社会的な活動である。公園が社会活動を生み出しているから、地域経済・雇用・住宅環境の充実・子育て・教育・公衆衛生・防災・犯罪抑止・地域コミュニティへの醸成などあらゆる分野の社会活動に関与できるのである。しかしなぜ、それほどの社会機構が、陽の目を見ないのか。マネジメントのフレームにある「その資源を活用する」意志が、他者に伝わっておらず、認識もされていないのではないか。意志（使命）が明確でない機関をマネジメントすることは難しい。使命が明確でないと多くの事象を束ねガバナンスする基準が定まらない。また、公園の運営では、様々な状況の中で判断する機会が生じる。状況採要（注9）を日々行うにしてもその判断の基準、優先すべき事柄は何か、その時々の状況から選び取らなくてはならない。そのよりどころが使命である。公園の果たし得る事柄が多岐にわたり過ぎるという指摘があるかもしれない。現在（2019）NY市公園局長ミッチェル・シルバー氏は、自らの仕事を「Department of Health & Happiness」と端的に言い表した。我々の使命は、「社会的、経済的に健全で、身体的に健康で満たされたニューヨーカーの生活に貢献することだ」と明言する。

市民が「行うべき社会的使命を唱え」大きな改革につながる波動が起こっている。

“A Greater London Urban National Park”これは公園の概念をも大きく変える取り組みである。発案者のダニエル・レイブン・エリソン氏は、この取組は、草の根運動で「人は、棲む環境を良くしようとする本能がある」ことを信じ、これを結集したと話す。ロンドンをナショナルパークにするというコンセプトの基、市民がそのために行う自主的な取組を市民全体でＷｅｂを巧みに使って共有することから始めた。２０１３年から6年、２０１９年7月22日、民意は議会を動かしロンドンをナショナルパークとする宣言を採択し関連する法令も定めた。ローマ人がロンドンを見つけて以来この都市は、権力者の手によってデザインされ、発展してきた。これからはここに棲む市民がロンドンをデザインする、育む、共有する、そのスタートラインに彼らは立った。

公園は、人を社会的な存在に変えることができる機関である。

注9　状況採要（じょうきょうさいよう）：政治論で使われた用語。流転する状況の中で、何らかの決断を行うときの判断に至る行為を指す。判断の要となる事項を状況から採りあげる意。充分な情報と知見がある場合もあれば、そうでない場合もある。往々にして事態が切迫した状況で困難であればあるほど、情報や知見は不足がちである。マネジメントにおいてこうした事態は避けられない。多様なる機能を持つ公園をいかんなく活用するためには、常に状況採要が求められる。公園管理運営士という職能が確立されたなら、最も発揮されなくてはならない能力の一つである。

グリーンインフラ計画と実装に向けた公園の多面的機能性と連結性

入江彰昭

都市公園の有益性とグリーンインフラの計画理念

近年、欧州を中心とした公園マネジメント研究者グループによってBenefits of Urban Parks（都市公園の有益性）の研究プロジェクトが進められてきた。都市公園の有益性を、人間の健康と幸福／社会的結束／ツーリズム／不動産価値／生物多様性／大気の質と炭素隔離／水調節マネジメント／冷却効果の8つに分類し、各々の項目に関する科学的研究レビューからそのエビデンスの強さを評価している（注1）。

2013年にEUでは持続可能な都市づくりに向けてGreen Infrastructure（以下グリーンインフラ）が採択され、グリーンインフラはグリーンエコノミーをサポートし生活の質を向上させ、生物多様性を保全し、災害リスクの軽減や水質浄化、大気の質、レクリエーションスペース、気候変動の緩和と適応等のような生態系サービスの能力を強化するという形で多面的なベネフィットを提供することができるとされている（注2）。さらに2013年から2017年まで欧州委員会の助成を受けた11ヶ国24大学・研究機関の共同プロジェクトGreen Surge（Green Infrastructure and Urban Biodiversity for Sustainable Urban Development and the Green Economy）が進められてきた。Green Surgeプロジェクトの目的は、土地利用の対立・気候変動への適応・人口動態の変化・人間の健康と幸福などの主な都市の課題に対応するために、緑地、生物多様性、人々およびグリーンエコノミーを結びつける方法を試行開発し、都市のグリーンインフラの計画と実装のための科学的エビデンスを提供し、環境、社会、および経済の生態系サービスを地域コミュニティとより強く結び付けるイノベーションの可能性を探ることとしている。20都市及び地域を対象としたケーススタディの結果、グリーンインフラの理念として多面的機能性（Multifunctionality）と連結性（Connectivity）が最大の共通認識であるとされ、グリーンインフラの計画と実行に向けた課題として多面的スケールアプローチによるグリーンインフラ計画原則が未だ確立されていないこと、気候変動への適応策としての水マネジメントを関連づけたグレーインフラとグリーンインフラを統合した計画が必要であること(Grey-Green Integration)、計画実行に向けてより多くのパートナーシップを構築する参加型アプローチによる社会包括的な計画プロセスが必要であること（Social Inclusion）が示されている（図1・注3）。こうし

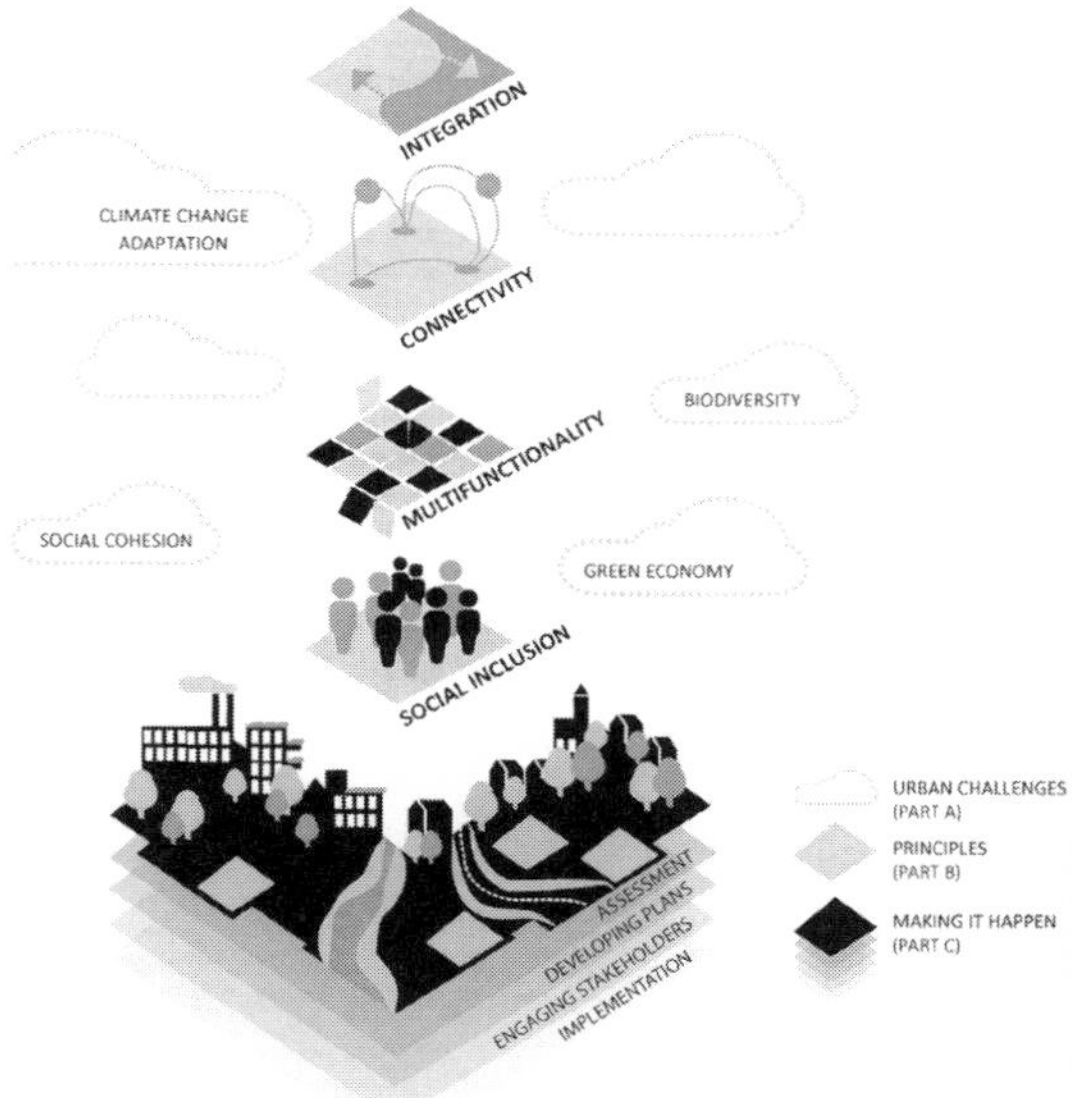

図1　Framework for Urban Green Infrastructure Planning by Green Surge.

【注釈】

注1 Cecil C. K. and Matilda A. and Anders B. N. and Sreetheran M.（２０１３）8 Benefits of Urban Parks A systematic review. A Report for IFPRA 1-6

注2 European Commission, Environment.（２０１５）Supporting the Implementation of Green Infrastructure Final Report.

注3 Hansen、R.、Rall、E.、Chapman、E.、Rolf W.、Pauleit、S.（２０１７）Urban Green Infrastructure Planning - A guide for practitioners. GREEN SURGE

た科学的エビデンスに基づいた都市公園の有益性を明らかにしグリーンインフラ計画を進めることは、公園や緑地に限らず交通・下水道・建築等の他専門分野とのコラボレーションや行政・住民・企業・学校等と連携協働した合意形成による計画プロセスが必要とされる今日、極めて大きな意義があると考えられる。そこでまず公園緑地史を背景とした公園の多面的機能性と連結性を論じ、筆者が滞在していた北欧デンマークのクライメイトパークの先進事例を紹介し、最後にアジアモンスーン地域におけるグリーンインフラとしての公園の視座を考えたい。

公園緑地史からみた公園の多面的機能性と連結性～環境対策としての公園の誕生

18世紀から19世紀にかけての産業革命胎動の時代、イギリスのマンチェスターやリバプール、ロンドンなどの都市に労働を求めて人々が集まり産業の発展に寄与したが、労働者階級の人達にとって生活環境は悪くスラムが形成され、ロンドンでは伝染病が流行しスモッグが発生しやすく「太陽のない街」といわれるようになっていた（注4）。環境対策として下水道整備、住宅地整備が進められるが改善がみられず、さらに労働者階級の市民にも太陽の光と新鮮な空気が吸えるオープンスペースが求められ、これまでのかつての高級貴族の人々のための狩猟園（Parc）、例えばハイドパーク、リージェントパーク等が一般市民に公開された。同時に１８４５年にロンドンにビクトリアパーク、１８４７年にはリバプール郊外にJ・パクストン（Joseph Paxton）設計によるバーケンヘッドパーク（図2）が開園し、市民のための公園（Public Park）の誕生となったのである。公園は汚れた空気を清浄し、

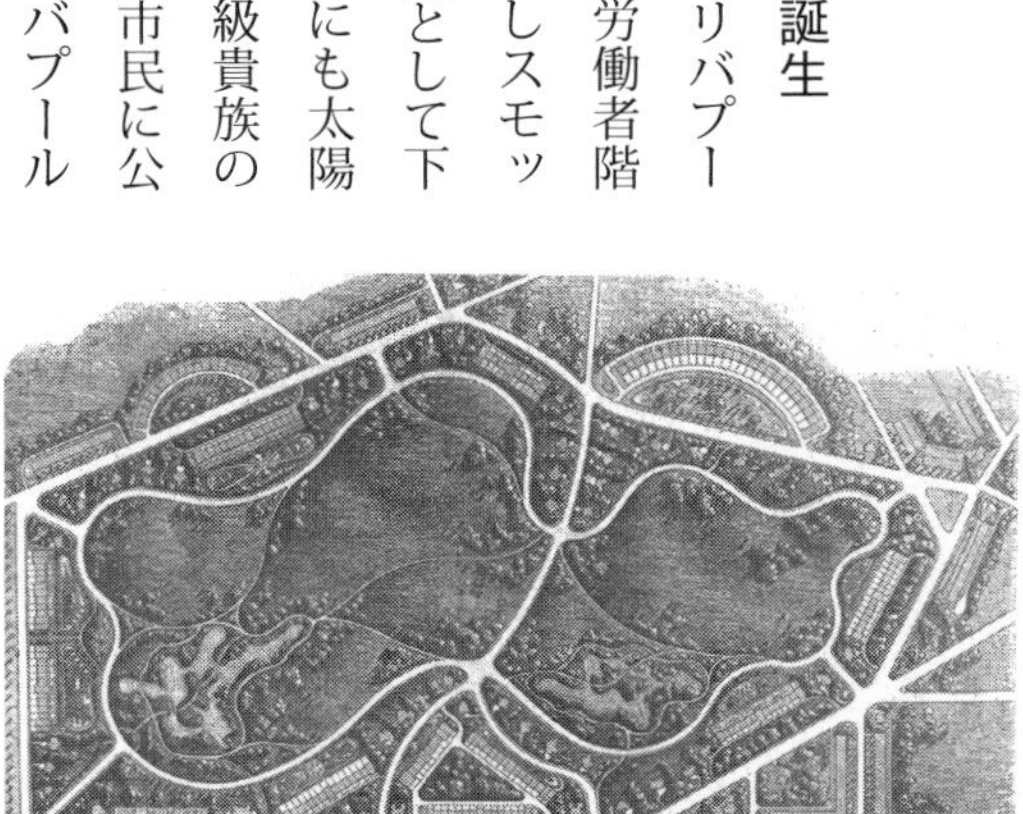
Figure 13
Plan of Birkenhead Park, Liverpool, England, designed by Joseph Paxton, 1843–1844.

図2 Plan of Birkenhead Park, Liverpool, England, designed by Joseph Paxton, 1843-1844.

労働で疲れた体をリフレッシュさせてくれることから、「公園は都市の肺臓である」といわれ、都市には必要不可欠なものとなった（注5、6）

都市の拡大と緑地計画の誕生

20世紀初頭、自動車の大衆化は、これまでの都市域を拡大させ郊外住宅地の建設ラッシュをもたらし、都市のスプロール化を招いた。大都市化の環境問題に対し、１８９８年E・ハワード(Ebenezer Howard)の田園都市論(Garden City)、１９４４年アーバークロンビー(Patrick Abercrombie)による大ロンドン計画(Greater London Plan)におけるグリーンベルト（緑地帯）の提案など、都市の規模とシステムをもった理想都市案を含めて多くの緑地計画、グリーンベルト計画がつくられた。E・ハワードは活動的な都市生活の利便性と田園における美しさや清浄な空気と水、豊かな緑環境との結合させる生活を田園都市によって提唱し、都市は田園で囲まれ都市の中にも田園があるとし、実際にレッチワース、ウェルウィンの実験都市を建設した（図3）。E・ハワードの田園都市やグリーンベルトの提案は日本の都市計画に影響を与え、内務省技師 北村徳太郎は公園、運動場、ゴルフ場、農地、河川などを含む幅広い概念であるドイツ語の"Grunflachen"（Open Space）に対し"緑地"と定義し、１９３９年東京緑地計画が策定された（図4）。しかしその後太平洋戦争がはじま

図3　Plan of Welwyn Garden City. 1920.

注4 角山榮、川北稔編（１９８２）路地裏の大英帝国―イギリス都市生活史　平凡社ライブラリー
注5 佐藤昌（１９６８）欧米公園緑地発達史　都市計画研究所
注6 石川幹子（２００１）都市と緑地　新しい都市環境の創造に向けて　岩波書店

りその計画のすべてが実現したわけではなかったが、防空緑地として砧、神代、小金井、舎人、水元、篠崎などの大公園と、井の頭、石神井、善福寺、和田堀、城北などの河川沿いの公園がこの東京緑地計画によって決定された。

郊外住宅地開発とコミュニティランドスケープの登場

こうした広域的な緑地計画の提案と社会実装がされる一方で、自動車社会により郊外のニュータウン開発が進み、コミュニティの結束の課題として１９２４年Ｃ・Ａ・ペリーの近隣住区論が提案された。小学校区を単位とし、幹線道路で囲むことで通過交通の進入禁止し、住区内に小公園とレクリエーションの緑地を確保し、住区内循環路を設けることを提案した。ヘンリー・ライトとクラーレンス・スタインによって１９２８年に建設されたニューヨーク郊外のラドバーン住宅地では通過交通の排除、クルドサック（袋小路）の採用、歩車分離の提案（図５）、緑地による歩行者路の系統化がなされ、コモンスペースと学校などの公共施設が連結することで子どもたちは車道に出ることなく学校に行くことができる。

Ｅ・ハワードの田園都市やＣ・Ａ・ペリーの近隣住区論は日本の郊外住宅地開発の理想とされ、１９１８年渋沢栄一は都市と農村との長所を兼ねた田園都市の実現を目指し田園調布を建設した。１９３６年には東武鉄道沿線の常盤台住宅地が健康住宅地として分譲され、住宅地の中心の公園、ループ状の並木の遊歩道、袋小路と歩行者専用道など自動車社会に対応した住宅地が建設された。また戦後には全国各地の都市近郊では土地区画整理による住宅地開発が進む中、どこの道にも車が入りこむようになり子どもの遊び場の路地が

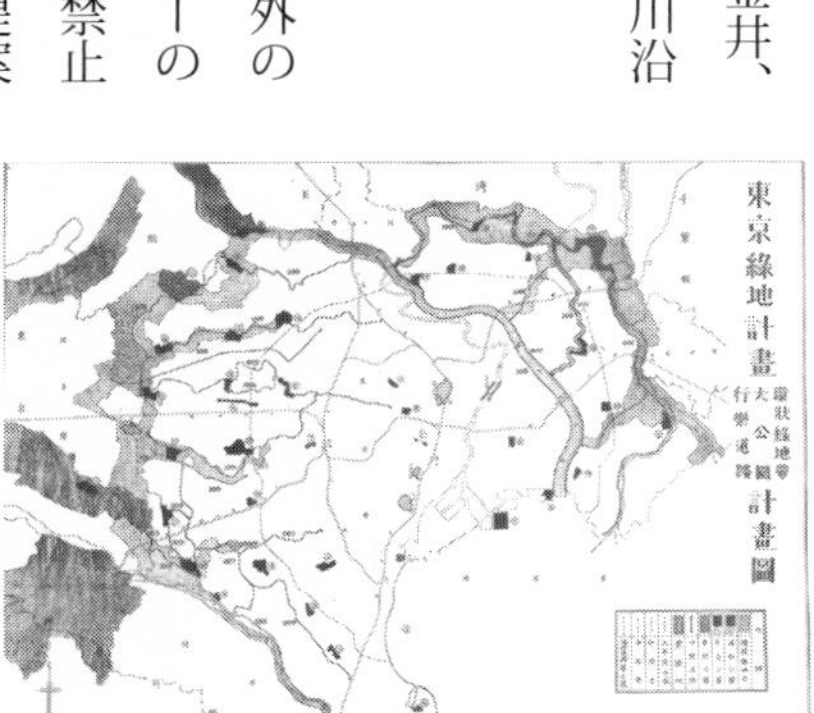

図4　東京緑地計画　１９３９

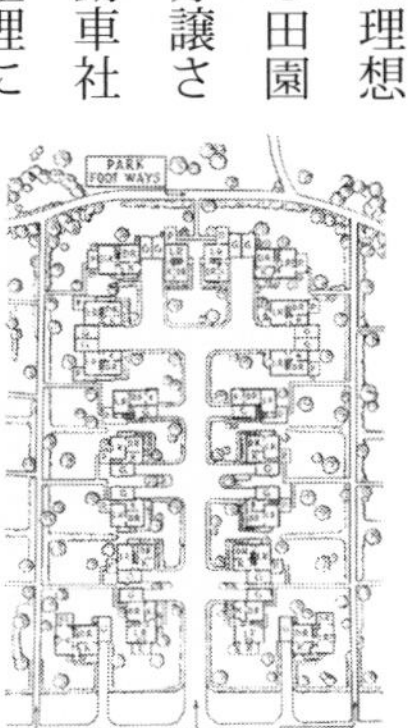

図5　Plan of separation of motor and pedestrian traffic at Radburn.

失われたことから、1947年児童福祉法による児童遊園、児童館が設置された。

共楽としての公園の誕生／レクリエーション地の連結によるパークシステム

日本の都市公園の先駆となった白河市の南湖公園（1801年）は、藩主松平定信によって士民共楽（武士も民衆も身分の隔てなく共に楽しむ）のために整備公開されたものであった（図6・注8）。我が国初の公園制度の太政官布達第16号（1873年）による公園もまた、これまでの庶民の観賞遊楽・レクリエーションの土地が定められた（注9）。我が国の都市公園の原点には共に楽しみ喜びあう幸福論（Well-Being）にある。

正院達第拾六号府県へ
三府ヲ始、人民輻輳ノ地ニシテ、古来ノ勝区名人ノ致跡地等是迄群集遊観ノ場所（東京ニ於テハ金竜山浅草寺、東叡山寛永寺境内ノ類、京都ニ於テハ八坂神社境内嵐山ノ類、然テ此等境内除地或ハ公有地ノ類）従前高外除地ニ属セル分ハ永ク万人偕楽ノ地トシ、公園ト可被相定ニ付、府県ニ於テ右地所ヲ撰シ其景況巨細取調、図面相添大蔵省へ可伺出事

明治六年一月十五日　太政官（傍点は筆者）

近代都市公園として誕生したアメリカのセントラルパークはF・L・オルムステッド(Frederick Law Olmstead) とC. (Calvert Vaux) による設計案が一等となりニューヨーク市民

注7 N.T.Newton（1971）Design on the Land. The Belknap Press and Harvard University Press.
注8 白河市歴史民俗資料館編（2001）定信と庭園 －南湖と大名庭園－
注9 佐藤晶（1977）日本公園緑地発達史（上巻）都市計画研究所

図6　奥州白河南湖真景北面之図
中央に松がみられる明鏡山、その裾野に共に楽しむために四民に開放された茶亭「共楽亭」がある

のレクリエーションのための場として作られた。その後、F・L・オルムステッドとC・ヴォーは公園と公園、樹林や池、川などの緑地を連続的につなぐパークシステム（公園系統）による都市計画を進めていくが、その都市計画に応用される以前の始動期に1871年シカゴのワシントンパークとジャクソンパークのツインパークシステムを試行実践している。1876年アメリカ初のパークシステムのバッファローのパークシステムは、博物館・美術館・スケート場・自転車道などをつなぎ単独で散在するよりもお互いが連結して系統化されることでより多くのレクリエーション効果があるとされている（図7）。ボストンをはじめとする北米の都市では、公園だけでなく河川や湖や大学キャンパスや植物園など様々な緑地を連結するかたちでパークシステムが計画された（注10）。

防災・減災としての公園の価値向上

関東、阪神、東日本等の数多くの震災の復興期に、これまでの経験と実証的知見に基づき震災復興公園、防災公園、災害教育などの震災復興の計画実行を進め、防災・減災としての公園の価値を高めてきた。

我が国の公園緑地における防災・減災研究レビューによると、1923年の関東大震災では、公園の延焼防止機能（∴公園、広場、広小路、河川等が防火壁）、公園の避難利用（∴約157万人が公園広場に避難。公園のバラック利用）が認識されたこと、実証的知見に基づく空間配置論（∴復興広幅員街路と復興公園3大公園と52小公園の整備）、デザイン論（∴公園のオープンスペースの拡大、小学校校庭に隣接した小公園、広場のある小公園の空間

図7 F. L. Olmsted's Sketch Map of Buffalo, 1876. "Buffalo is forming the most complete system of recreation-grounds of any city in the United States" といわれる

デザイン）が提案された。１９９５年の阪神淡路大震災では、公園樹木の防火効果、樹木帯の延焼防止等の機能、身近な小公園の一次避難利用、市民ボランティアによる救急活動の利用、郊外の大規模公園の救援・復旧の後方支援拠点としての利用、時間軸上にみる公園利用の役割（①緊急避難利用→②救援拠点利用→③復旧復興利用）が認識されたこと、実証的知見に基づく空間配置論、防災まちづくりやコミュニティづくりとしての管理運営論が数多く見られた。２０１１年の東日本大震災では、高台にある公園や神社の避難利用、公園までの避難路利用、被災地外の大規模公園の救援・復旧の後方支援拠点としての利用が認識された一方で、避難公園における日常的な利用や避難公園までの定期的な避難訓練活動、災害教育の重要性が課題であることが指摘された。

我が国では災害を経験する度に、避難路、避難場所、火除地、防火帯、復旧支援基地としての都市公園の価値を高め、防災・減災としてのエビデンスを蓄積してきた一方で、避難公園における日常的な利用と防災教育に関する研究が不足していることが伺えた。

本項では、“振り返れば、未来”といわれるように、歴史を紐解く中で公園の胎動期、成長期、そして有事の対応と、先人達の計画理論とその実装力によって公園の多面的機能性と連結性、グレイとグリーンインフラの統合、コミュニティの結束を高めてきた。気候変動時代・多文化共生時代の今、グリーンインフラとしての公園の計画とその実装は、最も緊

注10 Cynthia Zaitzevsky（１９８２）Frederick Law OLMSTED and the Boston Park System. The Belknap Press and Harvard University Press.

要な課題である。そこで、次項では、その先進的な実践事例を北欧デンマークから学ぶこととしたい。

北欧デンマークの気候変動に適応したクライメイトパーク・セネス（Sønæs）

ユトランド半島の中央部に位置する中央ユラン地域の首都ヴィボー市には市民の憩いの美しい水辺風景Nørresøと Søndersø（以下、セナー湖）がある。２０１５年にセナー湖の南西部の端にSønæs（以下、セネス公園）10haが開園した。セネス公園は気候変動に適応するために周辺環境地域からの雨水処理システムと浄化池が設計され、同時に市民の日常的な利用、水辺のレクリエーション、環境教育やスポーツ、イベントなどの利用、植物や動物の生息地としての自然環境に配慮された公園である。

以前は沼地で野生生物の観察などに使用され、１９６７年にクラブハウスとボールコートができたが、地表水が高いためしばしば水で覆われて使用できなかった。１９８６年にはヴィボー市南部地区の雨水貯留として指定され、その市街地からの雨水はセナー湖に直接送られていたため大雨の時には下水道は過負荷となり、雨水と排水の混合物がセナー湖に溢れ出し、湖の環境はかなり劣悪な状態であった。そこで２０１４年に気候プロジェクトとして下水処理関連施設からの支援を受け、市とエネルギー会社との共同事業でセネス公園のプロジェクトが始まった（注11）。

この公園プロジェクトは、気候変動への適応、雨水浄化、公園レクリエーションの３つの機能を組み合わせた都市公園である。デザインと技術の融合した池は、新たな水の風景

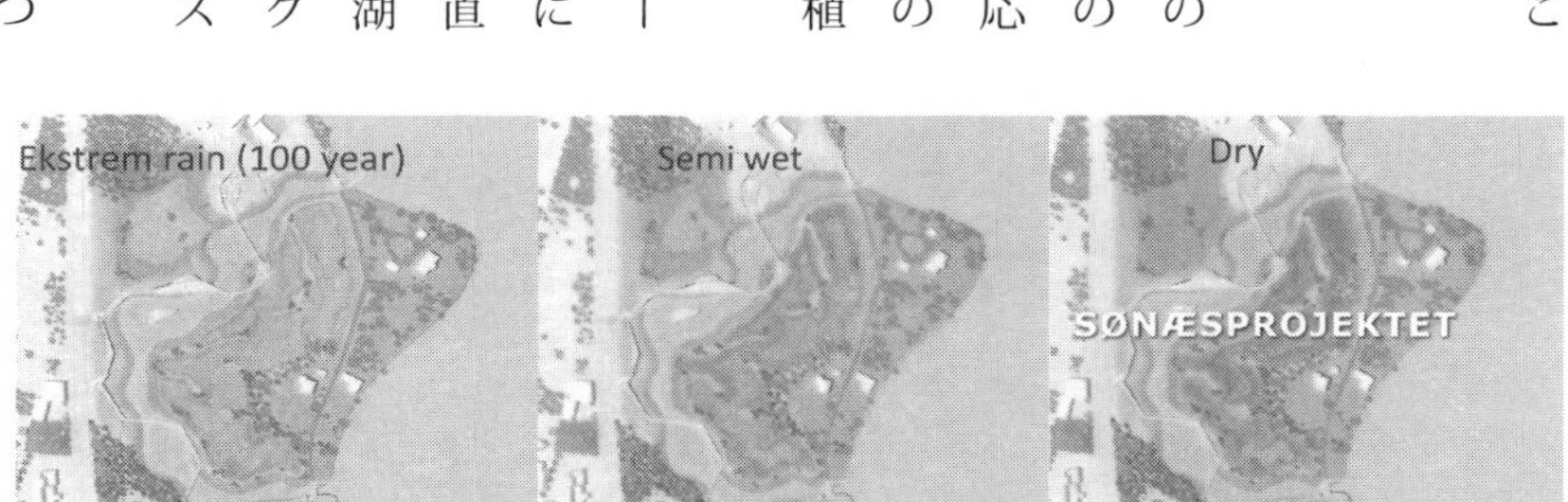

図８　通常時、雨天時、豪雨時（１００年に１度）の公園風景の変化

をつくる。池は島の間を蛇行しながらセナー湖とつながるようにつくられている。緑の島は自然のカーブを描き、雨水を様々な量で貯められるように異なる高低差で多数の窪地を形成している。豪雨時には池の水位は上昇し、島と島の間の窪地に導かれ、貯留池としての機能を果たす。それゆえ公園の風景は緑の島の風景から堤防と湖のシステムへ変化する（図8）。

雨水浄化はとても単純な技術解決である。市街地からの雨水はリン、硝酸塩、その他の有機粒子に汚染されているため、約24時間でその粒子は池の底に沈み堆積され（図9）、浄化された表面水がポンプでセナー湖へ流れていく。

公園内のコンクリート通路は池の岸に沿ってつくられ、いくつかの様々なアクティビティスポットがつながり、ビーチ、パビリオン、ステップなどで様々な公園レクリエーションを楽しむことができる（写真1）。園内の自然草原と湿地、池では多くの植物、動物、鳥を観察できることから、ヴィボー市は市民と来訪者のための sØnæs アプリを開発し、さらに新しい野外教育活動のための教育教材も作成されている。その新しい教材は、気候適応をテーマに浄化池について調べることで、物理学、化学、生物学、地理、運動の科目で使用でき、近隣の小中学校の実践的な演習や研究フィールドとして利用されている。

注11 CVANDPLUS、Viborg.（２０１５）Evaluering og præsentation af VANDPLUS-projektet sØnæs.

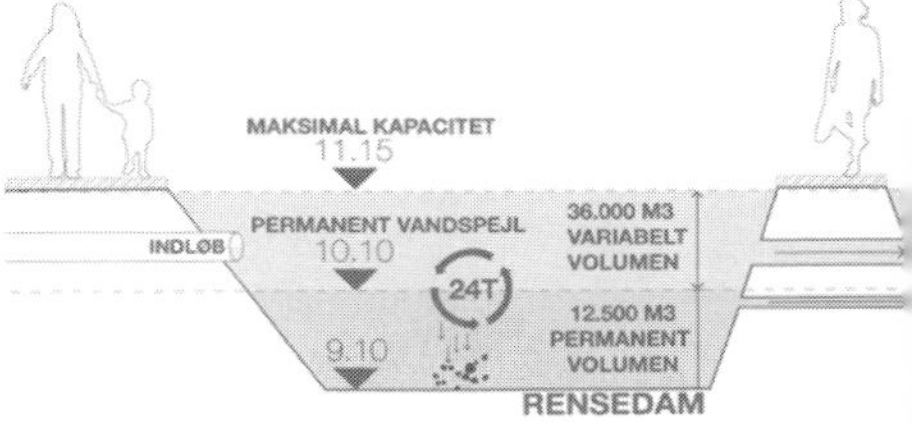

図9　池の雨水浄化の原理

写真1　クリーク横断の遊具

図10　Sønæs Park（セネス公園）平面図

【概要】設計：Møller & Grønborg A/S　開園年：2015年、面積10ha
池：約50haの集水域から雨水収集。通常水量12,500㎥最大48,500㎥、通常水位約10・10m最大約11・15m、水底9・10m、通常水深約1m最大2m、通常水面約2・6ha最大約5・3ha、1～5日間で水を貯留可能。最大時100年に1度の豪雨想定。
出口：毎秒100リットルのポンプ2機。手動のアルキメデススクリューポンプ。
入口：雨水導水口2つ。毎秒3,200リットルを導水可能。
土砂トラップと土壌浸食の壁：導水口手前で市街地からのごみと砂を捕捉。
飛び石：土壌浸食を防止し水辺の風景のビュースポットとなる。
汚泥処理：定期的に底に溜まった汚泥を吸い上げる。
オーバーフロー：異なるレベルでパイプが設置されている。
コンクリート通路：長さ725m、コンクリート板：133個と26種類の形。杭基礎：長さ約10m、303個。
クリークの横断可能な遊具施設：6～7箇所

1. Parking and info portal. 2. Inlet. 3. "Water level posts" 4. Footpath. 5. Overflow. 6. Access from Gl.Århusvej. 7. Lake Pavilion. 8. Natural meadow and marsh. 9. "The Island" .10. Sun stairs and beach. 11. Pumps 12. The jetty for "Margrethe I" 13. Søndersø pat

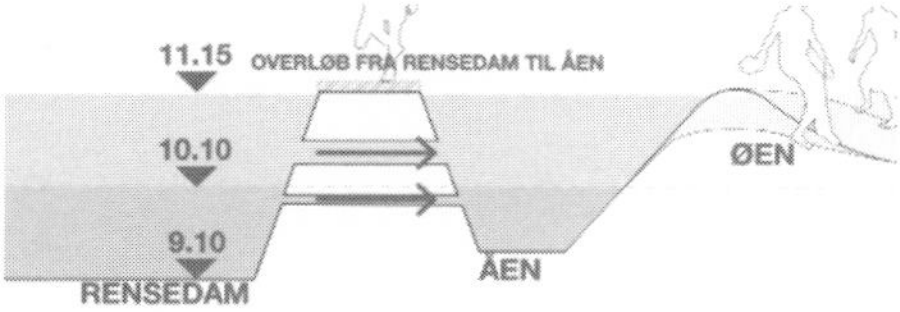

図11　雨水浄化池からクリークへオーバーフロー

図12　Sønæs Park（セネス公園）の雨水集水域（朱色域）

写真2　Inlet（平面図中の2）

写真3　Overflow（平面図中の5）異なるレベルのパイプ

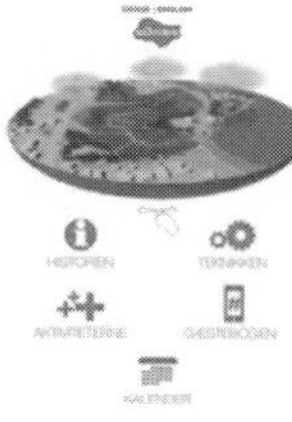

図13　市民向けのSønæs アプリ

アジアモンスーン地域の流域連携のグリーンインフラとしての公園

世界でも多雨地帯であるアジアモンスーン地域の日本は、世界の年間降水量平均880㎜の約2倍に相当する平均1718㎜とされる。その上、気候変動に関する政府間パネル（IPCC）の第5次評価報告書のRCP8・5シナリオを用いた非静力学地域気候モデルによる21世紀末の日本の気候変化予測では、日降水量100㎜以上及び200㎜以上の大雨の発生回数は、全国的にすべて地域及び季節で増加し、日降水量200㎜以上となるような大雨の年間発生回数、滝のように降る1時間50㎜以上の雨の年間発生回数は、全国平均で2倍以上になることが明らかにされた。特に九州西部では、夏の降水量の明瞭な増加が予測されている。地下水の都市として知られる熊本では、白川上流の年間降水量3000㎜以上の阿蘇カルデラが水盆となり平野部に豊富な地下水・湧水となる生態系のサービスをもたらし、緑豊かな森の都の基盤を形成してきた。白川上流域の伝統的農地管理による手入れされた森林と野焼き・放牧・採草による牧草地の地下水涵養と貯水機能、中流域の江戸時代以来開墾された水田地帯による地下水バイパスの形成、下流域の清冽な湧水群による水前寺成趣園や水前寺江津湖公園、八景水谷公園等の公園は古くから市民の納涼の水泳や舟遊びのレクリエーションの場として利用されてきた（図14、15・写真4・注12）。かつて1930年に熊本市の公園設計を依頼され調査に訪れた内務省技師北村徳太郎は単なる公園設計を越えて、

注12 入江彰昭（2017）熊本の復興の風景像・流域圏グリーンインフラと美しい故郷の風景創成　ランドスケープ研究82－2　p108－111

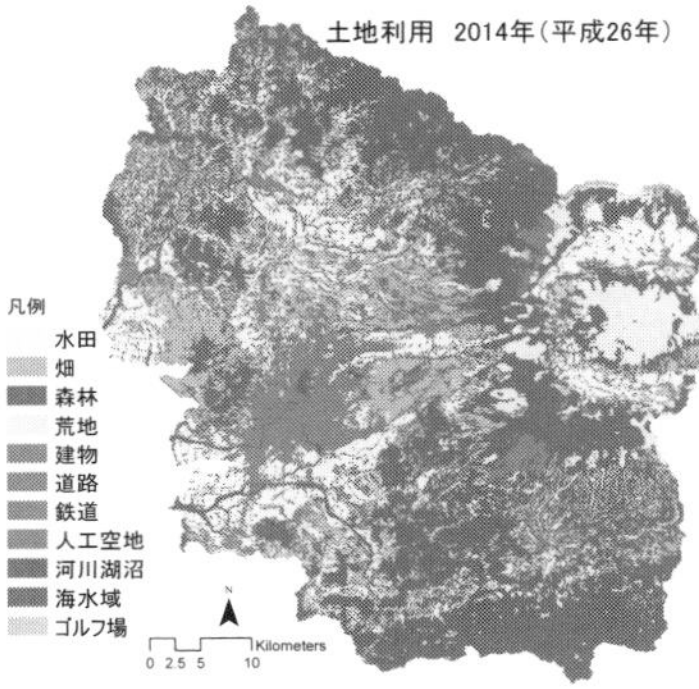

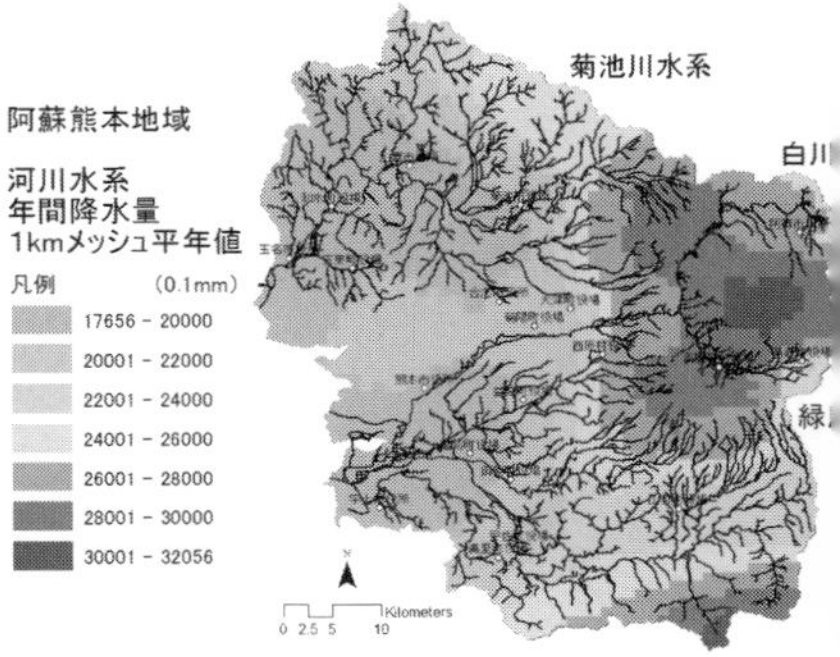

図14 右／流域圏スケールの河川水系と年間降水量（阿蘇熊本）
図15 左／流域圏スケールの土地利用2014（阿蘇熊本）

江津湖を中心とした公園系統を「市民永久の慰楽保存地」として考え、戸外音楽堂や野外劇場、動植物園、運動場、ピクニック、ボート場や水泳場など行楽施設を連絡したレクリエーション系統の公園計画を提案し、さらに下水や用悪水路の整理を兼ねた2間以上の植樹帯を設けた公園道路で連結している（注13）。森の都100年を振り返って、東京農業大学名誉教授蓑茂寿太郎は現存する水と緑の拠点からパンハンドル手法で緑地帯を延ばし連結させる熊本パークシステムの可能性を提言している（注14）。かつて都市公園の先駆される南湖公園は、共楽のためだけでなく下流域の水田を潤す溜池機能、水練のための教育機能、水害に備える防災機能など多面的機能性と連結性を有する園地として造られていた。現在、わが国ではコンパクトシティに向けて各自治体で立地適正化計画と都市マスタープランの策定が進められている。流域圏を踏まえた自然環境立地型のグレイとグリーンインフラの統合型の公園整備と連携交流による包摂的なコミュニティ構築など、ハードとソフトを兼ねた多面的機能性と連結性を図る公園計画とマネジメントを進めることは、都市温暖化や暴風豪雨等の気候変動に対する適応及び緩和だけでなく、地域防災、生物多様性、協力・協働のインクルーシブ社会の地域創成に大いに貢献できると考え、その計画実装を進めたい。

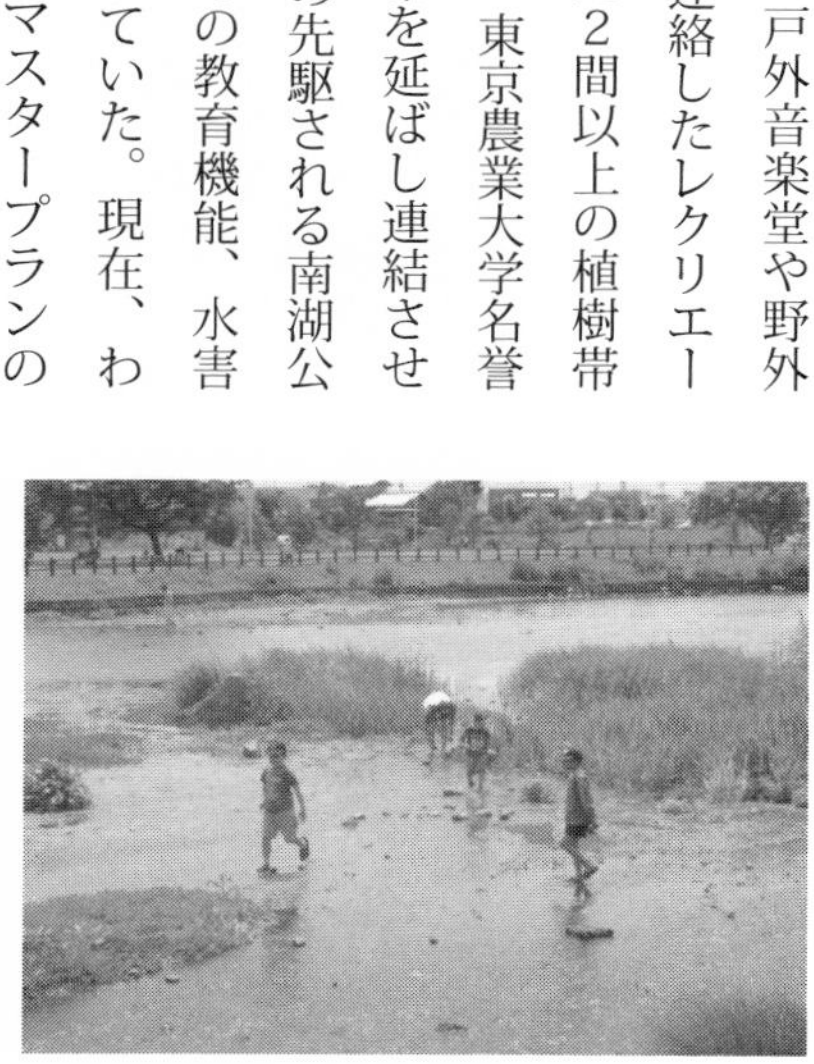
写真4　水前寺公園上江津地区のレクリエーション（熊本市）

注13　北村徳太郎（1931）熊本市郊外江津湖を中心とする敷地計画殊に其の公園系統に就いて　都市公論14－2p8－25

注14　蓑茂寿太郎（1997）熊本パークシステムの可能性－森の都100年に探る－　熊本市造園建設業協会刊行

謝辞　Henric Juel Poulsen 氏（ENERGI VIBORG A/S）に Sønæs のヒアリングと資料提供をいただきました。

第2章

パークマネジメントの手法

2/1

公園の管理運営計画は設置者と市民との契約

林まゆみ

設置者と市民との契約

ニュージーランド（以下ＮＺ）の最大都市であるオークランド市の市庁舎を訪れていた時、頃は、２００８年前後であったと思う（写真1）。市職員の何気なく言った言葉にはっとした。それは「管理運営計画（以下ＰＭＰ＝Park Management Plan）は我々行政（設置者）と市民との契約なのです。」という言葉だった。

そもそも設置者と市民との契約とは何だろう。それは、市民による税金で作られているものは、市民のものであり、それらをどのように管理運営するかは、公園の設置者と、スポンサーであり且つ利用度の高い市民との約束事であるということである。特に公園は、日々地域の中で市民に利用されており、市民の意見が反映されて、整備や管理運営のための計画が共有されることは重要なことのはずだ。長年、都市公園では、いったん設置すると、あとは都市公園法等の枠の中で、市民は公園を、与えられた制限や規則の中で使用してきた。21世紀を前にして、国内ではパークマネジメントにようやく関心が高まってきた。さらに２００３年施行の地方自治法の一部改正によって「指定管理者制度」が導入され、管理運営は設置者である行政や、その外郭団体等であった公的機関だけではなく、ＮＰＯや企業等、民間も含めた「指定管理者」にその主要な部分が委ねられていく。

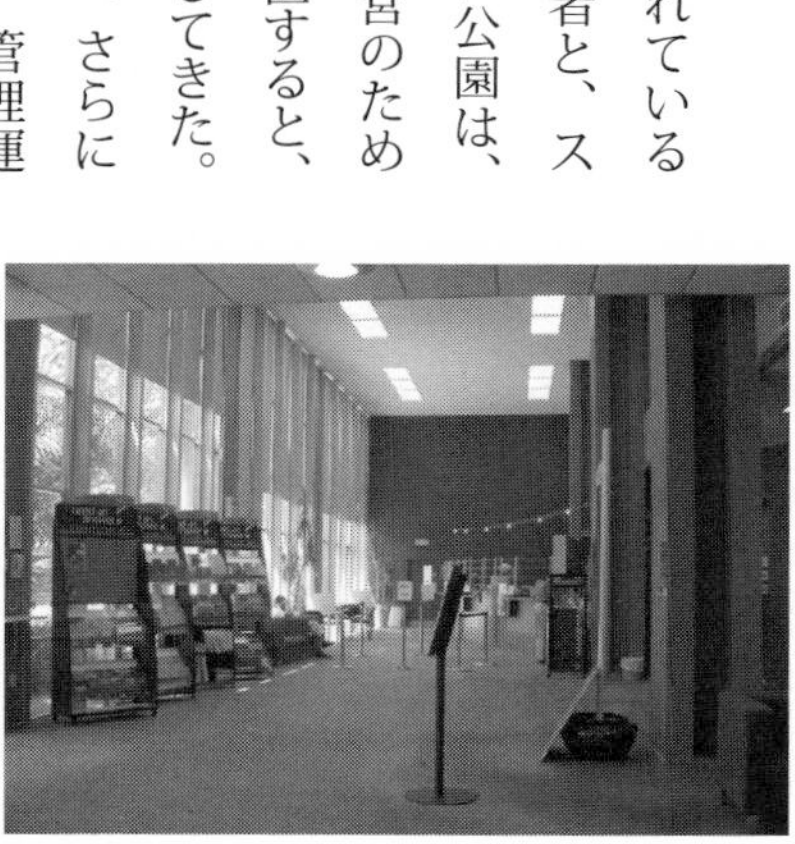

写真1　オークランド市役所のロビー。市職員は、ＰＭＰ策定のために、役所から出かけて地域で活動することが多い

大方の傾向として、ＰＭＰは、むしろ、設置者と指定管理者との間に交わされるものとなり、指定管理者はプロポーザルにおいて、３年やそれ以上の短・中期のスパンにおける事業計画としてＰＭＰを提示する。公園の管理運営は、短期・中期のプランとして提示され、勝ち残った指定管理者の下で、今度は仕様書に反映され、活用されていく。しかし、果たして、それは、適正なＰＭＰの策定と言えるのだろうか？　３年で変わる場合もある指定管理者が市民との契約を策定する立場にあるのだろうか。

筆者は、兵庫県の県立淡路島公園（総面積１３５ha）を舞台とした、管理運営協議会という、いわゆる公園の応援団のような組織の中で、この公園のＰＭＰを5年おきに数回見直してきた。管理運営協議会は、設置者である兵庫県、指定管理者（現在は公益財団法人兵庫県園芸・公園協会）、淡路市の関係部局（教育関係、観光、建設部局など）と、地域や公園で活動している市民団体、そして我々専門家などで構成されている。淡路島公園におけるＰＭＰの策定について紹介したいと思うが、ここでは、それについて述べる前に、世界の公園のＰＭＰをレビューしてみたい。多くの先進国では一般的に詳細なＰＭＰが策定されている。ＰＭＰの根底には、パークマネジメントの基本理念が表象されていると言ってもよいだろう。

英国の管理運営計画

英国は先に述べたＮＺに多数の移民を輩出した国で、その範となっている例が数多くある。ではその英国の歴史の中で、公園のＰＭＰはどのように策定されてきたのであろうか。

CABE（Commission for Architecture and the Built Environment）という公的な機関（政府による公共空間に関わるアドバイザーとして組織されたもので、２０１１年には、Design Council に引き継がれた）による公園のＰＭＰづくりの指針が発表されている（注1）。英国に限らず、諸外国では、公園のＰＭＰの策定を支援する図書が公的機関から発行されていることが多い。早速、このCABEが発行している「公園緑地のＰＭＰを策定するためのガイド」（写真2）の内容を紐といてみよう。パークマネジメントに対する基本的な考え方や姿勢が読み取れる。

このガイドブックは、基本的には地方自治体の行政職員を対象としている。しかし、ＰＭＰ策定は決して専門家だけのものではない。このガイドブックを用いることによって、専門家でなくても、公園の管理運営計画は作成できるのだ。計画には、行政やコンサルタントはもちろんであるが、地域の組織やボランティアが参加することで、自然の生き物のデータ収集、課題の整理、地域の知恵の結集、そして来訪者調査のサポート等多様な関わり方が可能だ。より多くのメンバーの参加は、長期にわたるパークマネジメントの効率を上げることに大きく寄与する。

ＰＭＰの大まかな枠組みは、まずは目標を定めることである。目標とは、新しい構想や働き方、資源の価値や質を保証すること、そしてその技術的手法の確立も含まれる。維持管理水準も当然視野に入る。無計画な開発の防御は言うまでもない。単なる自然保護だけではなく、文化的背景にも基づいた目標への到達、そして地域社会のニーズと合致した公園緑地の供給などである。計画づくりに携わるべき人々として、多岐にわたる人材が挙げ

写真2　A guide to producing park and green space management plans
Credit by Design Council

られている。多くの情報量が必要であり、様々なことを達成するためには、策定期間は5年から10年の期間を設けるべきで、3年未満というのは、推奨されない。どの計画も完全なものはなく、5年程度の期間を目安として検討と改良を加える事が必要だ。策定プロセスが順次広報されることが基本となる。

次の作業は、現状評価である。生態学的調査、施設や景観、緑地空間の評価、環境調査、歴史的アプローチ、来園者や地域社会のニーズ、スポーツやレクリエーションは活発か。つまるところ、公園の持つハード・ソフト両面からの資源の把握となる。市民との協議では、小人数による数多くの協議のほうが大きな1回限りの協議よりも有効なことは言うまでもない。地域社会との信頼関係は、最重要項目の一つである。

そして、いよいよ、計画の枠組みを考える。計画の枠組みを作るための情報収集も欠かせない。実際にどのような手法で計画が策定されるかは個別の公園において異なる。計画には、計画の達成度に関する調査も含まれている。増大する来園者の希望や期待に応じた取り組み、施設の改善、より豊かな生物多様性などである。政策とその評価方法、アクションプラン、経済効果とモニタリングなども情報がベースとなる。

次の段階は目的に沿った手法を明確にすることである。「どのようにして到達するか」の

【注釈】

注1　https://webarchive.nationalarchives.gov.uk/20110118103643/http://www.cabe.org.uk/about/cabe-space　２０２０・３・31

https://webarchive.nationalarchives.gov.uk/20110118142340/http://www.cabe.org.uk/files/parks-and-green-space-management-plans.pdf　２０２０・３・31

ためのキーワードとしては、空間づくり、健康や安全・安心の確保、よく管理され清潔なこと、持続可能性、環境や歴史的な保存、地域社会との連携、商業、そして経営などが続く。

最後は、目標の到達度の測定である。モニタリングや再度の確認をすることで、どの程度到達できたかをチェックする。自己評価以外にも、住宅・コミュニティ・地方自治省の名のもとに制定されているグリーンフラッグという表彰制度や、或いは優れたＰＭＰに対する基金（予算の支援）の整備も整えられている。顕彰制度はより優れたＰＭＰの策定やパークマネジメントそのものに対するインセンティブにもなる。

一例として、ロンドンの有名なハイドパークのＰＭＰを見てみよう（注２）。この王立公園は大勢のロンドンっ子や観光客も訪れる代表的な公園の一つである（写真３）。管理運営計画の運用期間は、10年間という長期にわたったものである。計画では「歴史的な重要性」がまず挙げられており、古くから残る敷地の一部は荘園の跡地で、公園全体のレイアウトは、１８２０年代に設計された。この公園の特殊性として、歴史的な背景の中で、公園が進化してきたことが挙げられる。

ハイドパークの重要な意義、現況と課題を把握したうえで、ＰＭＰの基本方針を定め、景観、考古学的観点、生物多様性、持続可能性をどのように担保するかや、その他の自然など物理的背景に対する方針などが示されている。現況の状況と課題に対する協議とそれに対応した管理、さらに、来園者の楽しみのためのサポートとして、体験や教育・解説、そしてガイド方策など、きめ細やかな運営方針も定められる。公園の歴史的特性はＰＭＰの中で、最重要項目として取り入れられており、「歴史的」という評価は、ＰＭＰの構成に

写真３　ロンドン　ハイドパーク　歴史的に重要な公園の一つとして、ＰＭＰでは位置付けられている

大きな影響を与えている。

米国の事例

米国の国立公園局（National Park Service）では、全国の国立公園（写真４、５）のＰＭＰ策定の際のプランナー向けの様々な図書が公開されている（注３）。筆者が訪れたヨセミテ公園では、十数個のＰＭＰに関連する図書が用意されていた。

ここでは地方自治体の公園に目を向けてみよう。ニューヨーク（以下ＮＹ）市の公園の歴史は、19世紀後半まで遡る。市立公園の管理や組織全体へのガイダンスは、様々な地域委員会、民間組織、市全体の諮問委員会などによって作られてきた。ＮＹ市の公園の計画づくりでは、ＮＹＣパークスとばれている部局がＰＭＰの策定に関与している（注４）。その

写真４　ヨセミテ公園　大勢の家族連れでにぎわっている

写真５　子供たちへの環境養育。州政府直営からＮＰＯへの委託が進んでいた

注２ https://www.royalparks.org.uk/_data/assets/pdf_file/0005/41765/hyde-park-landscap
https://royalparkshalf.com/　２０２０・９・30
注３ https://www.nps.gov/training/nrs/references/references_policies.html　２０２０・９・30
注４ https://www.nycgovparks.org/
https://www.nycgovparks.org/planning-and-building/planning/conceptual-plans ２０２０・９・30

コンセプトは、「公園の長期的なビジョンを作成し、地域社会が公園の形成に参加するための重要な機会を提供する」とある。例えば、2019年現在、ブロンクス区では地域コミュニティと一緒にハーレム川や海岸沿いのPMPを準備中だ。一方、有名なセントラルパークでは、1980年に設立された「セントラルパーク保全協会（以下CPC）」というNPOが公園の主体的管理を行っている（注5）。

この組織は設立以来、3億25百万ドル以上の寄付を集め、1970年代後半の悪化した状態を現在の充実した状況に変えてきた類まれな実績がある。1998年のNY市長との管理契約は、CPCの大きな貢献を認めた先駆的な官民協働と言える。

通常のPMPは、市当局が主導して策定するなか、セントラルパークの主要なPMPの策定と実施は、この協会が主導し、市当局と協働で承認された。多彩なプログラムを提供し、毎年年報も発行している。その内容は責任者の熱いメッセージから始まり、運営状況はもちろん、改修の成果、来園者やボランティア、緑の部会などの交流、スタッフとボランティア、そして、この協会の基本理念などについて述べられている。もちろん、経営も含めて、オープンな広報を行っている。高い評価を得ているこの民間組織は公園管理の理想ともいえる形態を見せてくれている。

ニュージーランドでは

NZでは、すべての公園は公有地であり、リザーブ（Reserve）と呼ばれている。1800年代に英国から移住してきた人々がマオリ族と交わしたワイタンギ条約で、すべての土地はマオリ族が所有することが前提となり、英国国王にのみ売却される、とする契約を行った。その時に、多くの土地がリザーブ（担保）されて、公園や公共施設が作られてきた経緯がある（注6）。

大規模な国立公園から、州立や市立公園まで、とにかくすべてが公有地だ。公園のＰＭＰは、公園法（Reserve Act）や地方行政法（Local government Act）などで担保されてきた。原則として全ての公園は、ＰＭＰを持たなければならない（注7）。

特に、国立公園や州立公園のＰＭＰの策定プロセスも法律で規定されてきており、市民が様々なプロセスで参画することが大前提である。ＰＭＰを策定するためのガイドラインは１９９５年から作成されてきた。現在はレクリエーション アオテアロア（Recreation Aotearoa）が引き継いでおり、ＰＭＰ策定のためのガイドブックが出版されている（注8）。それらは地方自治体や、様々な公的な組織で活用されている（注9）。

ＮＺにおけるＰＭＰの策定プロセス

ＮＺのＰＭＰ策定において、特筆すべきことは、拙著（注9）でも述べているが、そのプ

注5 http://www.centralparknyc.org/ ２０２０・９・30

注6 林まゆみ（２００９）ニュージーランドにおけるパークマネジメントプランに関わる法制度の推移と市民参画：ランドスケープ研究ＶＯＬ．72（５）８２９－８３４

注7 https://www.doc.govt.nz/about-us/our-policies-and-plans/statutory-plans/national-park-management-plans/ ２０２０・９・30

注8 https://www.nzrecreation.org.nz/Site/Parks/guidelines.aspx ２０２０・９・30

注9 生物多様性をめざすまちづくり（２０１０）学芸出版社、ｐｐ１９１

ロセスの膨大な作業量と時間のかけ方である。国立公園のＰＭＰ策定プロセスに関しては、ドラフト案の提示に向けて、地域コミュニティとまずワークショップを行い意見聴取する。そして、パブリックコメントの募集と重ねてのワークショップ等の開催による修正案の作成、保全省が主催する専門家による保全委員会や保全オーソリティと呼ばれる委員会による議論がある。この保全オーソリティのメンバーは、独立して雇用された本格的な組織である。そして改めて市民意見の聴取などのプロセスを経る（注10）。規模が大きな国立公園では、ＰＭＰは、基本10年ごとに更新されるが、その計画づくりに2、3年かかる。策定へ向けて、何重もの組織や市民の意見が反映され、それらの審議を繰り返したのち、ドラフト案は確定したものとなる。

印象に残ったＰＭＰの内容としては、「国立公園における施設の色は自然のパレットから」という文章がある。例えば、マウントクック国立公園にあるハーミテージという壮大なホテル（写真6）は、山々の森林限界の色であるチャーコールグレイの色合い（写真7）で統一されている。遠くから眺めると、山々と一体になって、殆ど区別がつかない。その一体感はホテルの高級感を際立たせ、世界中からの観光客を集めている。自然や環境を大切にして、観光につなげようという姿勢の元にはこれまでの反省も含めて、自然と共生するという確固とした強い意志が見受けられる。

参画型の策定プロセスと情報発信や公開性は最重要項目である。

写真6　右／マウントクック国立公園のハーミテージホテル。世界有数のホテルであるが、その色は森林限界の色を表している
写真7　左／マウントクックの山々。森林限界を表すチャーコールグレイが国立公園の施設の色となっている

ＰＭＰの有用性

なぜ、ＰＭＰが有用なものであるのかをもう一度振り返ってみたい。公園の中長期計画は、その公園自体の評価であり、将来へ向けての公園のビジョンが示される。このビジョンがなければ、公園は時代や管理者が変わるごとに、迷走してしまう。また、設置者、行政機関の関連部署、市民団体、活動グループなどが円卓式で公園のＰＭＰを議論することにより、公園の価値を高め、地域のアイデンティティはさらに深められる。

策定プロセスを広く広報することは、公園の存在感や、周囲の関心を高めることにもつながる。中長期ビジョンの策定によって、短期ビジョンや短期の実施計画への道筋が定まってくる。ＰＭＰを充実させることにより、ランドスケープや生態学の分野への知識や理解が広がり、公園を通じた緑の重要性が再認識される。勿論のことであるが、公園の質そのものが向上する。ＰＭＰの策定と連動して、人材育成や環境教育、公園経営、そして、公園ガバナンスのスペックが向上していく。ＰＤＣＡに沿って、ＰＭＰを見直すことで、マネジメントは勿論、公園自体の再評価や発展につながる。

兵庫県立淡路島公園の事例 ～民間活力の導入を踏まえて～

最後になるが、筆者が関わってきた兵庫県立淡路島公園におけるＰＭＰの現状と課題に

注10 https://www.ipwea.org/Go.aspx?MicrositeGroupTypeRouteDesignKey=c650931e-6904-464d-80cc-2c48df735859&NavigationKey=07a19a42-edb7-47b3-9a01-bbdcb0155a41　２０２０・９・30

※淡路島公園管理運営計画（２００８年版、２０１４年版、２０１９年版）

何故、ＰＭＰが必要か！

①公園自体の評価が定まり中長期のビジョンが形成される
②公園の価値を高め、地域アイデンティティを深める
③短期ビジョンや短期の実施計画への道筋が定まる
④公園の質そのものが向上する。人材育成、環境教育、公園経営、公園ガバナンスのスペックが向上する
⑤マネジメントをチェックするなかで、公園の再評価や発展につながる

ついて述べて、この節を締めくくりたい。

淡路島公園では、２００１年より、公園の活性化を支援してきた。最初は、地域住民や、筆者の勤務する淡路景観園芸学校の生涯学習の修了生に声かけして、公園に関わってもらう算段をした。皆で公園ウォッチングから始めた。玄関口のハイウェイオアシスには大勢の観光客が訪れていたが（明石海峡大橋が開通した１９９８年には５００万人以上）、その奥にある淡路島公園は数万人規模であった。公園ウォッチングからハード面、ソフト面双方での提案を行い、次の年から、様々なイベントを皆で考えていった。ゲストからリピーターへ、リピーターからホストへと進化した来園者自身が、イベントでは子供たちを相手にプログラムを実施した。

そのような動きのなかで、２００６年からは、管理運営協議会が立ち上がり、前述したように、設置者である県の担当部署、地元市の各部局、市民、ＮＰＯ、地域のステークホルダー、そして我々専門家など多様な人材で組織された。

淡路島公園で初めてＰＭＰを策定にとりかかったのは、２００８年になる。第１回目の計

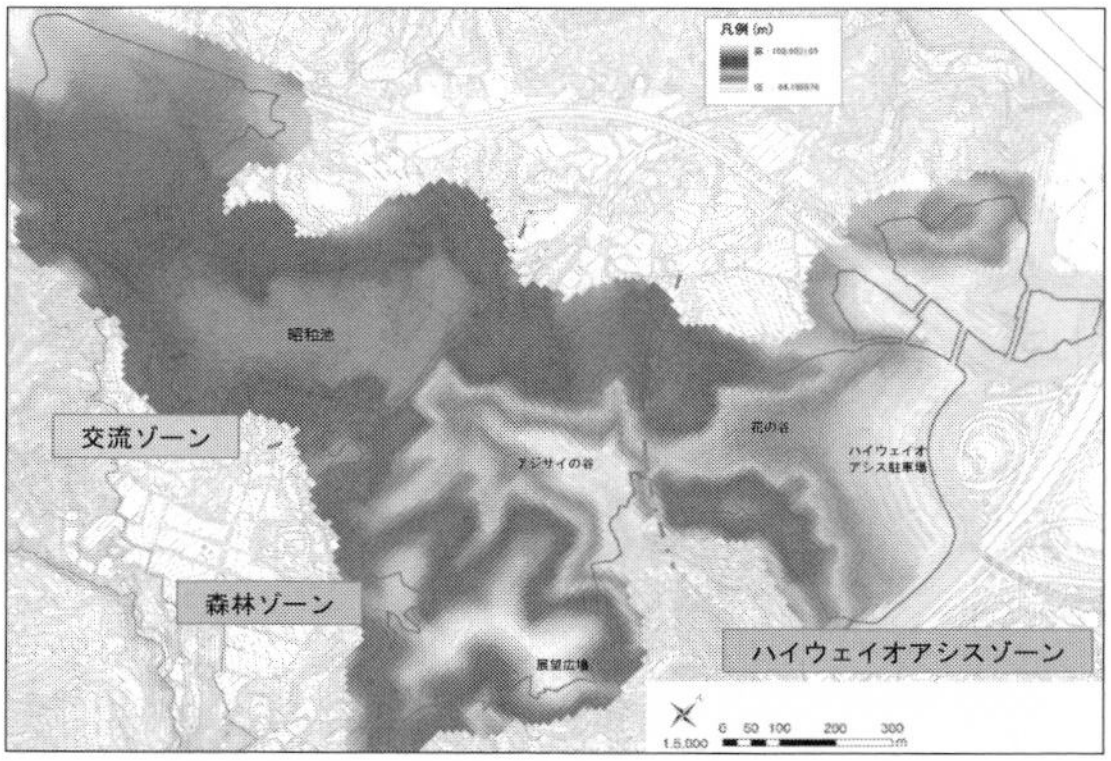

図１　淡路島公園の標高メッシュ図

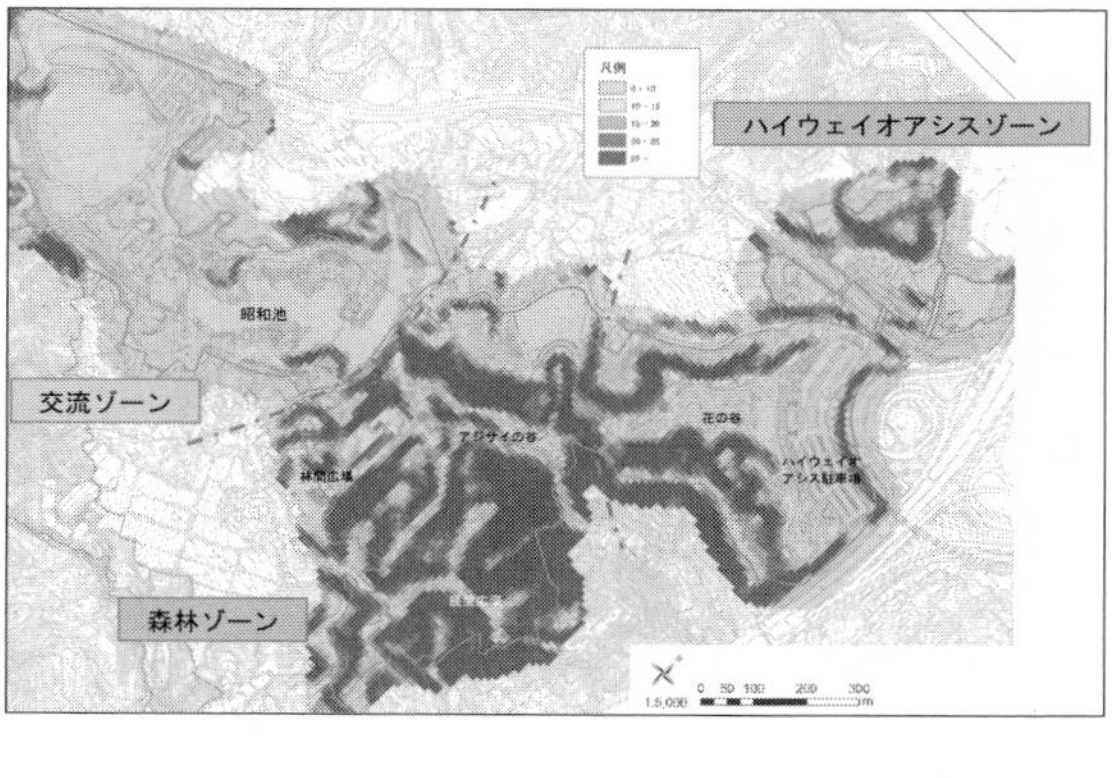

図２　淡路島公園の傾斜分布図

画の特徴としては、ハード面として、資源調査を徹底的に行いＧＩＳ（地理情報システム）に表記したことである。自然資源として、標高（図1）、傾斜分布（図2）、相観植生図（図3）、常緑樹、竹林などをそれぞれ地図上に落とした。また、様々なデータを掛け合わせて、大きな課題となっていた竹林の拡大予測（図4）を行い、伐採の優先順位を検討した。芝生広場や各エリアには、貴重な動植物も数多くみられ、強度の剪定や芝刈りを抑制することで、多様な植生が得られることも提言した。それらを、当時のゾーン分類であったハイウェイオアシスゾーン、森林ゾーン、交流ゾーンに分けて、それぞれの現況や課題を抽出した。景観面では、ゾーンごとの実態をまず集約して分析した。例えば公園をAからHのエリアに分けて、毎月の画像データを収集し、景観上の特徴や課題を分析した。それによって、今後の修景計画の一助とした。花の谷エリアの一番の課題は、ハイウェイオアシス前の籔状態であった。それぞれの管理時期によって、方針が変わり、花や実のなる木、道路からの花景観など鬱蒼とした植栽で埋まり、散策路もなかった。

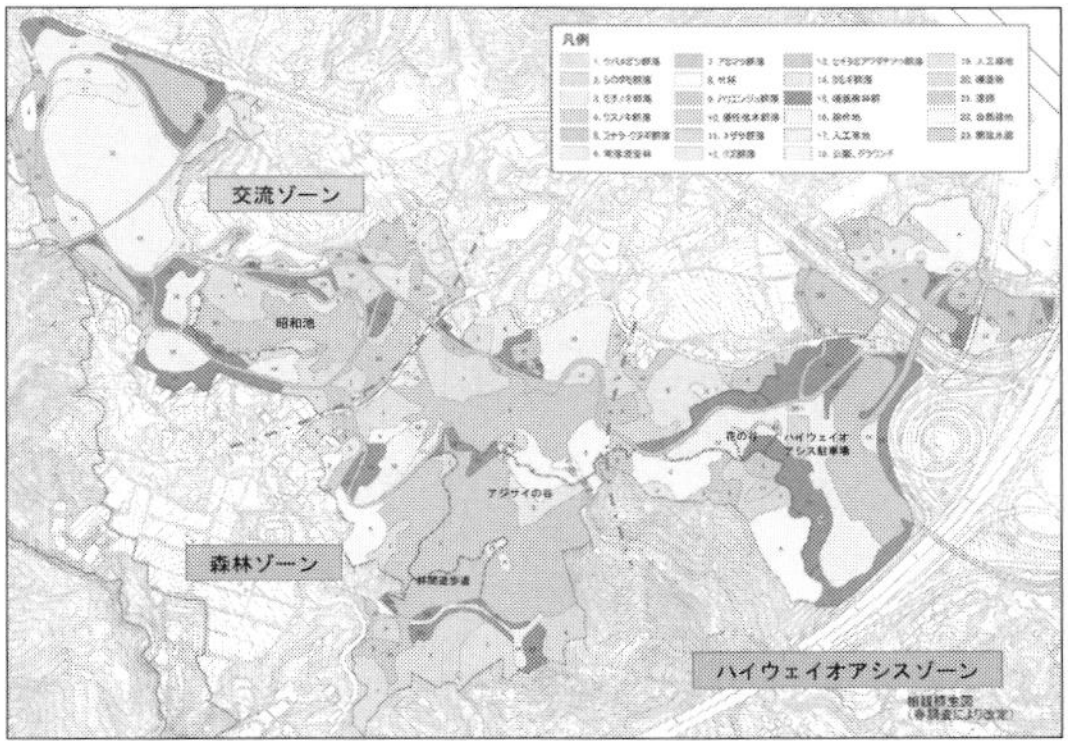

図3　淡路島公園の相観植生

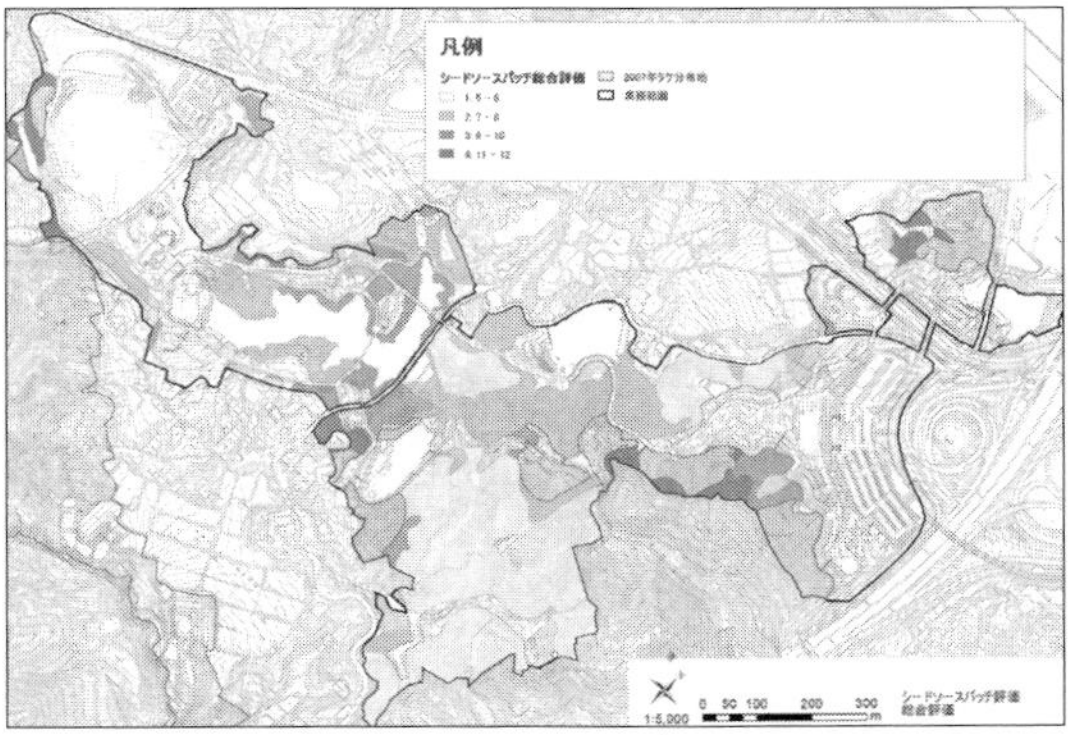

図4　タケの侵入防止を行うべき広葉樹林位置とシードソースパッチ総合評価

ソフト面では、一般来園者の動向や公園内で活動している市民グループ（「淡路島公園楽しもう会」）の現状などを抽出した。会では、年間数十回のイベントを実施していたがさらなる公園の応援団を育てたいというミッションがあった。

これらの現況と課題を整理したうえで、基本方針、基本計画、そして実施計画を立案していった。基本方針としては、元々の里山景観を活かした「自然環境を活かした公園管理と運営」、さらには「来園者の利活用を促進し、参加型の公園管理。運営を実施する」とし、そのために「気軽に利用できるレクリエーションの場の提供」、「県民の活動拠点の提供」、「環境学習の推進」などを目標とした。そして具体的な、「管理運営計画」、「アクションプラン」を策定した。現況と課題については、ゾーンごとに、また管理運営計画や、アクションプランは公園全体を対象として策定した。

ＰＭＰは5年の期間をめどとして、4年を終わった時点で再度計画を作成することとし、2回目の改訂は、２０１４年に行った。資源の把握などは、前回の計画における調査を参照し、さらにいくつかの観点から現況の整理を行った。管理運営自体の評価も徹底して行った。例えば、竹林管理や伐採の成果を検証し、今後の方針に役立てた。管理運営協議会では、継続的な議論を行い、新しく設置された「花と草原のゾーン」の自生種緑化を試みたり、竹林の拡大先端部の抑制などの管理を進めたりした。ソフト面では、活動グループへの支援、環境学習やインタープリター養成講座の実施、パークコーディネーターの設置、懇話会の開催など利用者と管理者の連携も進めた。広報・発信も充実させて、広域から地域までの幅広い来園者に対応してきた。

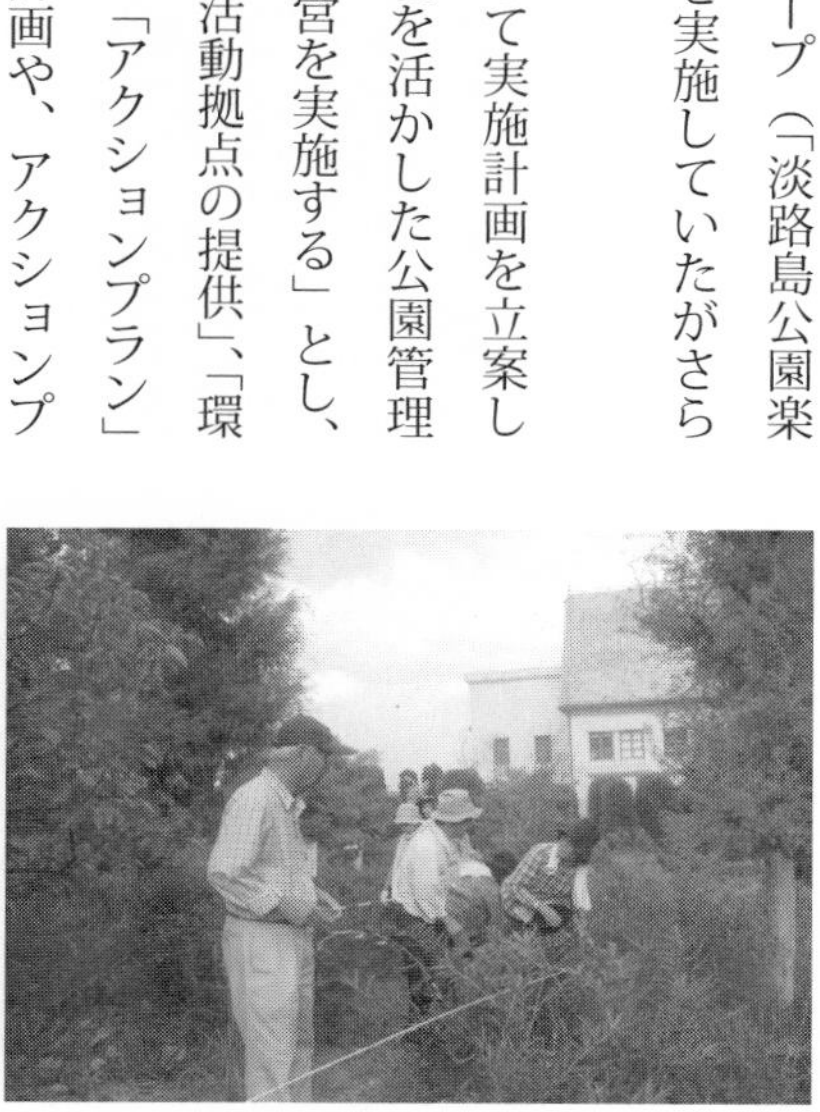

写真8・9　市民参画による花の谷の散策路の検討

懸案だった、灌木が鬱蒼とした花の谷は、市民参画で散策路を提案したり（写真8）、一部、灌木を伐採して、芝生広場的なモデルエリアを作ったりした（写真9）。

　最終的には、この大きな課題を持っていた花の谷は、兵庫県からの予算がつき、管理運営協議会で議論しながら、暗く込み合った樹木数十本の伐採を行ったり、広がりのある芝生広場へとリニューアルしたりすることができた。これらは、ＰＭＰ策定のプロセスの中で、議論や実践が進んだことから可能となったのである。

図5　市民や専門家と共に、開催したアートイベントのちらし

民間活力の導入

　現在は3回目の改訂を行っている。この公園では、この数年間で状況がずいぶんと変わってきた。年月を重ねる中で、より地域に親しまれる公園として認知されるようになり、年間数十万人が来園する公園に育っていった。市民団体と協働して、アートイベントなども開催してきた（図5）。そうこうする中、隣接する石の寝屋緑地も供用開始されて、２０１４年版ではＰＭＰも同時に策定している。（図6）。

　２０１７年からは、民間活力の導入ということで、一企業によるアニメパークが

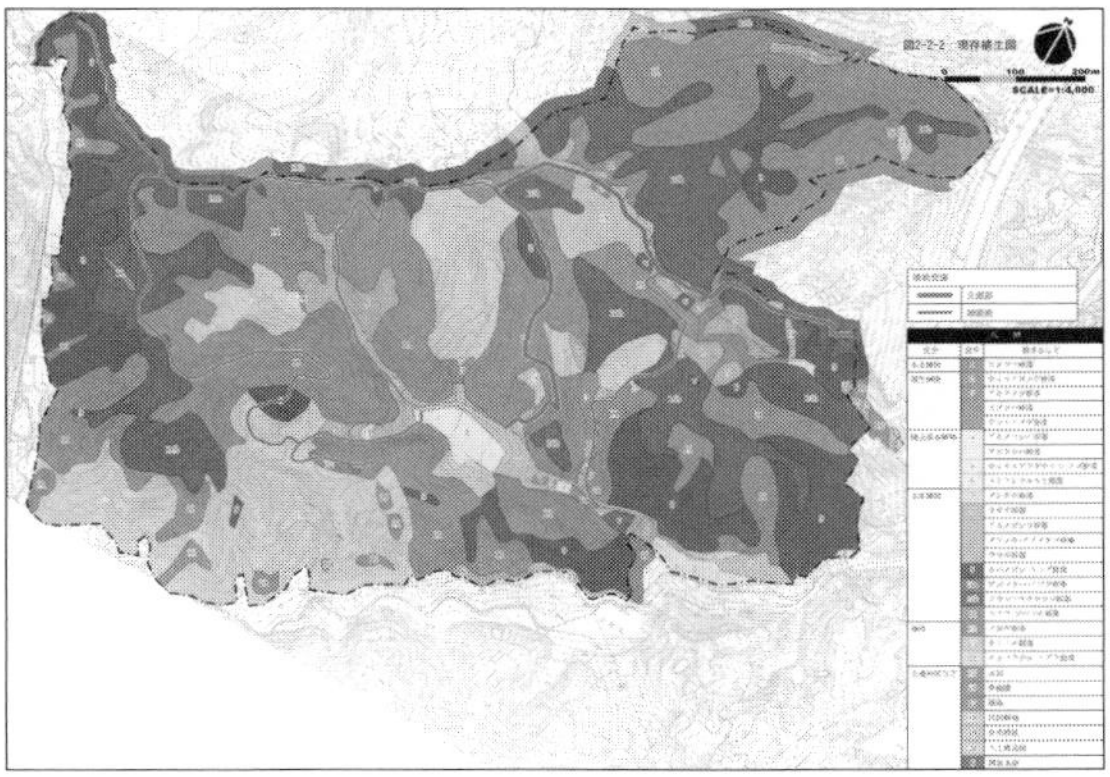

図6　淡路島公園に隣接する石の寝屋緑地の植生図。この情報をもとに管理方針を定めていった

開設され、園内で様々な施設がオープンしていった。プロジェクションマッピング、池の上のジップライン、アニメの展示施設など、有料の施設が県立公園の中に点在するようになっていった。ここでの課題は、自然環境の保全、新規開発の是非、従来の利用者や市民グループとの調整等であった。夜の照明、音響、オシドリなど渡り鳥への影響、一般来園者による自然景観や渡り鳥などの眺望の確保、そして従来の利用者や市民グループの活動との折り合いのつけ方。これらに関する協議が自然環境調査と並行して行われてきた。管理運営協議会では、数年来の議論の中で、やっと折り合いがつき始めたところだ。オシドリの飛来する冬季の間、ジップラインは休業となった。開発によって公園の様相は変わるが、民間企業の進出で淡路島島内での若者の雇用が促進されることもあり、総合的な判断が求められている。

5年ごとに改訂しているPMPの策定のちょうど狭間でのアニメパークの進出でもあったので、まさに、開発の途上にもある公園の評価に関してはこれからの課題だ。淡路島公園で直面している課題とその解決方法は民間活力導入に際し、今後の指針にもなるのではないだろうか。全体の来園者数は、アニメパーク開園後は、以前の8割近く増加している。アニメパークを目的に来た人々も淡路島公園の自然や施設を楽しんでいる。ただ、利用の仕方に関して、細やかな視点が必要だろうし、自然環境との調整も怠るわけにはいかない。

今後益々、公園を作るとき、利用するとき、そしてリニューアルするとき、様々な主体による参画と協働が求められる。市民協働によるPMPの策定及びその発信と活用が、今後の公園マネジメントの充実と地域の活性化に反映されることを願ってやまない。

公園の管理運営と評価

西山秀俊

はじめに

おおよそ全ての組織の活動や事業において、これらの発展や質の向上等を図る上でPDCAサイクルによるスパイラルアップ、特にC（Check：評価、検証）、A（Action：改善）は、有用なプロセスである。

指定管理者制度の導入により脚光を浴びた公園の管理運営という世界は、公園の建設や植栽管理等を通して公園に関わってきた造園関連企業にとって新たな能力発揮の場であり、新たな市場（マーケット）となった。そして、これまで培ってきた公園建設や維持管理のノウハウをもとに事業範囲や規模の拡大に繋がるものとなったが、同時に利用者目線での対応やサービス提供、利用者満足度の向上といった運営面（ソフト）のノウハウが必要となった。

一方、これまで他者との競合が殆どなく、公園という公物の維持管理に重点を置いてきた公共の公園系外郭団体にとって、経営的な視点を持った事業の実施やサービス向上という視点が強く求められるようになった。

そうした状況において、新たに参入してきた民間企業、新たな視点での取り組みが必要となった外郭団体にとって、PDCAサイクルを取り入れた管理運営の取組みは、指定管理者としてのスキルアップやサービス向上、継続的な事業の改善を図る上で有用なものとして、多くの指定管理者選定の提案書において「ＰＤＣＡサイクルの導入による継続的な改善」が必須の取組みとして提案されてきた。しかしながら、Ｐ（Plan：事業計画）、Ｄ（Do：管理運営の実行）のあとにくるＣ（Check：評価、検証）、Ａ（Action：改善計画の作成）について具体の手法や効果的な手法に乏しいことが課題としてあった。

本章では、公園管理のＰＤＣＡにおけるＣ（Check：評価、検証）に着目し、公園や管理運営の質の向上を目指した評価の仕組みについて、その概要や今後の展開に向けた課題や可能性について紹介する。

公園事業における評価

公園事業の目的を達成するために、公園の計画から設計、施工、供用開始後の管理運営といった公園のライフステージに応じて様々な評価が行われている。

例えば、公園の計画段階では費用対効果の検証、供用開始後は計画通りに公園が整備され、利用されているかといった事業評価、パークマネジメントプランが策定された公園ではプランの実施状況や進捗状況の評価等が行われる。また、行政（公園管理者）の代行者として管理運営を行う指定管理者の取組みを評価するために、指定管理者自らが行う「自己評価」や利用者の視点による評価「利用者満足度調査」、行政による指定管理業務の「モニタリング（履行確認）」、公園の有識者等により構成される「第三者評価（指定管理者の評価）」など、様々な主体や視点により評価が行われている。しかしその多くは3～5年といった指定管理期間中の取組みを評価するものであり、中長期の視点で作成したマネジメントプランやプランの実施状況を評価して改善に繋げる具体的な仕組みがないことが課題としてあげられる。
本章では、指定管理者自らが作成した事業計画書に基づき実施する「自己評価」、利用者の視点による評価をもとに改善を図る「利用者満足度調査」、マネジメントプランをもとにハード・ソフトの両面から評価を行い、継続的に公園の質を高めるイギリスの「グリーンフラッグアワード」に焦点を絞り、管理運営における評価の方法や活用方法、更なる展開に向けた課題や改善点を紹介する。

自己評価

自己評価は「公園の管理運営における品質評価の手引書（注1）」において、指定管理者等の団体が管理運営の品質目標を自ら設定（Plan）、目標に向かって実行（Do）、実施結果を自ら評価（Check）、評価に基づき改善（Action）するサイクルで構成され、ＰＤＣＡサイクルに基づき品質向上を図るシステムとされている。

そして管理運営業務の全域を対象として品質管理項目を「計画（管理運営の中期計画、単年度計画、重点戦略など）」「管理運営業務（良好な園内環境の維持）」「市民参加の推進、地域貢献」「業務プロセス」「組織運営」の５つの視点をもとに設定し、項目ごとにプロセス目標と数値的な成果目標を設定、評価を行うとしている。

【注釈】

注１　パークマネジメント評価研究会監修、２００７年財団法人・公園緑地管理財団（現：一般財団法人・公園財団）発行

評価を行う際、計画通りに「実施した・実施しなかった（実施できなかった）」といった履行の有無、実施回数や参加者数といった数値的な達成状況を指標とする場合が多い。この自己評価システムは項目ごとに設定したプロセス目標と成果目標について「管理運営上の課題を発見する」ことを目的として評価を行うことが重要とされている。これにより目標に向かってどのようなプロセスで取組み、どこに課題があったかを把握することが可能となり、改善すべき事項の明確化、改善計画（Action）がより具体的なものとして作成されることになる。

また、平田は自己評価について、「外部評価や第三者評価の重要性が指摘されるが、自己点検なしに外部評価を行うことはありえない」とし、「公園に対してこのような考えをもってこのように取り組み、その結果このような成果を得た。その成果を自分なりに客観的に評価するとこうなる」と客観的な視点から自己点検を行い、気概を示すことの重要性を示している（注2）。

利用者満足度調査

利用者満足度調査は、公園マネジメントの質の向上を図るうえで、利用者目線の評価（満足度）が重要になるという認識のもと、利用者を対象としてアンケートを行うものであり、多くの指定管理者が取り組んでいる評価方法の一つである。

利用者満足度調査を指定管理者の業務として義務付けている場合も多く、東京都では全国的でも早い段階で「パークマネジメントマスタープラン（注3）」を作成し、その中で「都立公園の魅力向上プロジェクト」の一つとして利用者満足度調査の実施が明記され、その結果を管理に活用することとしている。このように東京都の事例からもわかるように、利用者目線にたった管理運営の質の向上は公園管理者である行政や利用者からも大きく期待されていると考えられる。

ここでは平成18年度から約15年にわたり、同一の規格（評価項目）で複数の指定管理者と公園（約70公園）で継続的に実施し、管理運営の質の向上に一定の効果をあげてきた利用者満足度調査の事例（パークマネジメントカルテ（注4））をもとに、利用者評価を管理運営の質の向上に繋げるための具体的な方法を紹介する。

①評価の概要 主に指定管理者制度が導入された公園で、対面及び投函式により1公園あたり年間約400件のアンケートを実施。アンケート回答の集計・分析を第三者（パークマネジメント協議会）が行い、報告すると共に利用者目線による課題や改善に向けたアドバイスを指定管理者に提案するものである。アンケート回答の集計・分析を第三者にアウトソーシングすることにより、評価に要する時間や手間を大きく省力化して本来業務に専念することが可能となる。そして、客観的な視点から検証・考察した改善提案をもとに次の

注2 「公園管理者としての気概」ランドスケープ研究No 71‐1 2007年、社団法人日本造園学会
注3 平成27年3月、東京都建設局
注4 パークマネジメント協議会（株式会社地域環境計画と株式会社グラックが運営）が実施する利用者満足度調査

改善（Action）に繋げることを可能にしている。

また、この評価システムは、調査を開始した当初から全ての公園で同一内容による調査を行っているので、単発的（場当たり的）な改善ではなく、複数年スパンでの目標設定による改善の実施と評価を継続的に積み重ねることを通して、満足度の推移＝改善の効果把握を経年的に追確認することが可能になっている。そして、公園の立地や特性などが類似した同じタイプの公園、調査を実施した全公園間での比較など、客観的に自公園の評価や相対的な位置を把握することが可能となっている。

②評価の方法　各設問は評価要因の選択肢として3つの視点「指定管理者による管理の方法・頻度による要因」「トイレや休憩所など便益施設等の充足度による要因」「利用者側のマナーに関する要因」をもとに設定している。調査項目と設問は図1に示す内容で構成し、公園利用に関する全体的な満足度及び、各設問に対して5段階で回答するようになっている。（5点：満足、4点：やや満足、3点：ふつう、2点：やや不満、1点：不満）他に具体的な意見や改善要望を把握するための自由記入欄を設けている。併せて、利用者の属性（性別、年齢層、利用頻度等）を調査・分析することにより、属性の違いによる評価の傾向を分析できるようにしている。

③公園のタイプ分け　利用者目線による評価（満足度）は、公園の立地や利用形態等の特性によって傾向が異なることから、公園を6タイプに分類している。（樹林地型、複合型、広場型、運動型、庭園型、墓地型）これにより、同一タイプの公園間で満足度の比較（相対的な位置、ストロングポイント、ウィークポイントの把握）やタイプ別の評価傾向を把

図1　調査項目と設問

項　目	設問内容
①緑の豊かさ	全体満足度、評価要因：植栽内容、管理状況、生物多様性、生物情報の掲示等
②清潔さ	全体満足度、評価要因：清掃状況、マナー（ゴミのポイ捨てなど）等
③安全さ	全体満足度、評価要因：遊具や園路の安全さ、危険に関する情報提供、危険な利用等
④応対の良さ	全体満足度、評価要因：接客態度、説明の的確さ等
⑤便利さ	全体満足度、評価要因：ユニバーサルデザイン、売店等の充足、案内の分かりやすさ等

図2 調査票

○○公園をご利用いただきありがとうございます！

利用者満足度アンケート協力のお願い

私たちは、○○公園を利用されている皆さんのご意見、ご感想を伺い、よりよい管理運営に活かしていきたいと考えています。そのため、以下の調査へのご協力をお願いいたします。

公園管理事務所

※この調査票は、PMK公園の管理運営診断システムに基づき、全国の公園を対象に作成されたものです。 PMK

公園を利用した満足度とその理由について、該当する番号に○印を付けてください。（裏面もあります）

【設問1】 緑について

四季の花や緑など自然を楽しみましたか？あなたの満足度を選んで下さい。（1つ）

1.満足　2.やや満足　3.ふつう　4.やや不満　5.不満

上記の満足度を選んだ理由を教えて下さい。（いくつでも）

満足な点
1. 季節の植物を楽しめる
2. 樹林や並木が美しい
3. 芝生や広場の居心地がよい
4. たくさんの生き物とふれあえる
5. その他（　　　　　　　　）

不満な点
6. 花が少ない
7. 植物が枯れていたり、元気がない
8. 野鳥や山野草などが減った
9.その他（　　　　　　　　）

【設問2】 清潔さについて

全体的に清掃が行き届き、気持ちよく利用できましたか？あなたの満足度を選んで下さい。（1つ）

1.満足　2.やや満足　3.ふつう　4.やや不満　5.不満

上記の満足度を選んだ理由を教えて下さい。（いくつでも）

満足な点
1. 全体的に清掃が行き届いている
2. トイレを気持ちよく使える
3. その他（　　　　　　　　）

不満な点
4. 清掃が行き届いていない施設がある
5. 利用マナーが気になる（ゴミのポイ捨てやペットのフンなど）
6. その他（　　　　　　　　）

【設問3】 安全さについて

防犯、安全面から安心して公園を利用しましたか？あなたの満足度を選んで下さい。（1つ）

1.満足　2.やや満足　3.ふつう　4.やや不満　5.不満

上記の満足度を選んだ理由を教えて下さい。（いくつでも）

満足な点
1. 見通しがよく、安心感がある
2. 遊具を安心して利用できる
3. 危険や注意情報などの案内が充実している
4. その他（　　　　　　　　）

不満な点
5. 暗がりがあり、近づきにくい場所がある
6. 園路や遊具など、危険な箇所がある
7. 利用マナーが気になる（危険な行為やペットの放し飼いなど）
8. その他（　　　　　　　　）

【設問4】 応対の良さについて

スタッフの応対は分かりやすく適切でしたか？あなたの満足度を選んで下さい。（1つ）
見かけなかった方は6番に○印をつけて下さい。

1.満足　2.やや満足　3.ふつう　4.やや不満　5.不満
6.見かけなかった

上記の満足度を選んだ理由を教えて下さい。（いくつでも）

満足な点
1. 親しみやすい
2. スタッフから専門的な知識が得られる
3. 回答が的確で分かりやすい
4. その他（　　　　　　　　）

不満な点
5. 接客態度が悪い
6. その他（　　　　　　　　）

【設問5】 便利さについて

公園案内や園路、ベンチなどの公園施設は使いやすかったですか？あなたの満足度を選んで下さい。（1つ）

1.満足　2.やや満足　3.ふつう　4.やや不満　5.不満

上記の満足度を選んだ理由を教えて下さい。（いくつでも）

満足な点
1. 公園案内が分かりやすい
2. 子ども連れでも利用しやすい
3. その他（　　　　　　　　）

不満な点
4. 売店や自動販売機がない・少ない
5. 駐車場がない・少ない
6. 管理所、その他の公園案内がわかりにくい
7. バリアフリーが不十分
8. その他（　　　　　　　　）

【設問6】 全体的な印象について

公園を利用した全体的な満足度を選んで下さい。（1つ）

1.満足　2.やや満足　3.ふつう　4.やや不満　5.不満

本日の日付を記載ください
＿＿＿＿年＿＿月＿＿日＿＿曜日

裏面に続く

管理者整理欄	調査方法	調査者	回収場所	調査票no.
	1. 調査員 2. 回収箱 3. その他			

握することを可能にしている。

④評価の分析　満足度調査は評価点の高・低、現状より＋○点、○％アップという数値的な目標を設定することが多い傾向にある。この評価方法は、②で示した3つの視点と5つの項目に基づく評価と、自由意見を求めることにより、評価の傾向や根拠を明確に捉え、課題や改善事項を容易に把握できるよう工夫している。

また、継続して評価を実施することにより、利用者評価の経年的な推移の分析、評価が変化した要因と改善の取組みとの相関、全体的な評価と指標ごとの相関分析（図3）など、より効果的な課題の発見、改善方策の策定に向けた分析を行うことができる。

⑤評価を行うことの効果　利用者満足度調査は管理運営の質の向上を示す指標の一つであり、品質管理の継続的な改善手法として有効である。継続的に実施することにより、満足度の向上、管理運営の改善と質の向上に繋がるものである。これまで約15年にわたる調査と分析を通して、以下のことが明らかになった。

・利用者満足度評価の分析結果を次年度の管理運営に反映しているほぼ全ての公園で満足度が向上している。

・調査回数（年数）が増えるごとに満足度が向上している（図4）。

すなわち、成果を上げている公園では、調査結果をもとに改善内容を検討、以降の管理に反映する仕組みが出来上がっていると考えられる。また、次のように施設面との関係を踏まえた評価の傾向を明らかにすることができた。

・高い満足度を得ているものの、ベンチなどの施設やトイレなどの建物の老朽化やバリア

図3　指標ごとの満足度評価結果

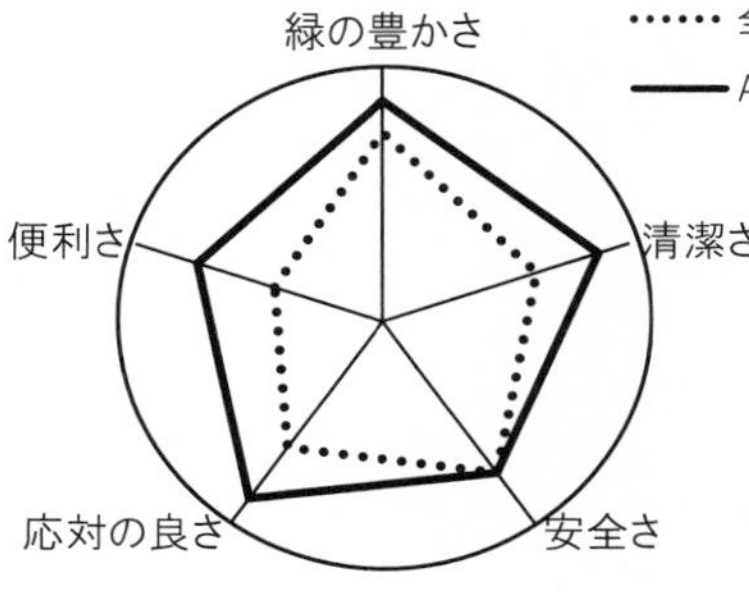

全体満足度	ポイント
A　公　園	4.5
全調査公園平均	4.4

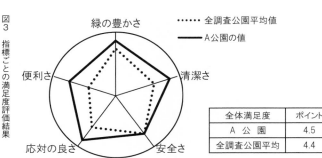

フリーの未対応といったハード面が不満要因として指摘されるケースが増えている。

⑥更なる活用、質の向上に向けた課題　継続的に満足度調査を通して改善に取り組んでいるものの、ある時点から評価が高止まりになる場合がある。あるレベルの評価まで達すると、これまで以上に満足度を向上する要因が少なくなること、ソフト面の対応だけではカバーできない事項、例えば施設の老朽化や不備といったハード面の課題が顕在化して、結果として満足度を低下させる事態が発生してくるためである。

例えばトイレの老朽化に伴う評価を改善するために、清掃回数を増やしたり、清掃回数の見える化、照明を明るくする、季節の花を飾る、清掃時の挨拶といった「対応の良さ」を向上させても課題の根本的な解決には繋がらない。建設後数十年を経過したことによる清潔感の低下や洋式便器、バリアフリートイレの不足といったハード面の改修や更新は、指定管理者のみで対応することが難しい。行政との連携による改修や更新が必要となるが、長寿命化計画などがない場合、対応することが難しく、更に満足度が低下することになる。

公園の管理運営はハードとソフトが一体となり、両者が満たされることで更なる公園の魅力アップや満足度の向上に繋がるものである。管理運営の質の向上だけでなく公園のライフステージに応じたハードの改修、更新がソフトが一体となることで公園の更なる質の向上を実現することに繋がる。

次に、公園のハードとソフトの改善を一体的にマネジメントプランに取り込み質の改善を図ると共に、評価を基にした顕彰制度を取り入れることで質の証明やスタッフのモチベーション向上に繋げている事例を紹介する。

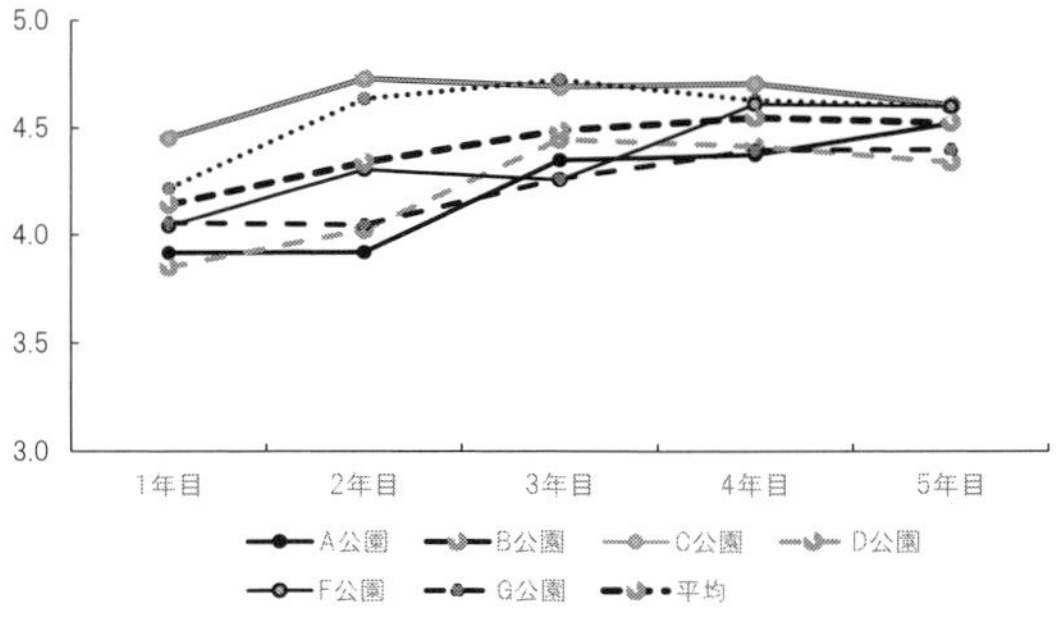

図4　満足度の経年変化

グリーンフラッグアワード（Green Flag Award）

「新たなステージに向けた緑とオープンスペース政策の展開について（注5）」において、「都市公園が本来どのような空間として保たれるべきか、どのようなサービスを提供すべきかという本質的な考え方や基準を、イギリスのグリーンフラッグアワード等を参考に整理するとともに、その基準を一定程度満たしている都市公園を評価し、その品質を保証するような仕組みの創設を検討すべきである。」という提言がある。

今後、日本の公園において、施設や空間の改修や更新といったハード面の改善と管理運営のあり方や方策といったソフト面の取組みが一体的にマネジメントプランに取り入れられ、行政と指定管理者双方の取組みにより、公園の質の向上に繋げるきっかけとなるべく、その概要を紹介する。

「グリーンフラッグアワード」は、イギリスにおける公園緑地の質の向上、継続的に高品質な管理運営を行うための制度である。公園のハードとソフトの充実と改善、近隣の住民やコミュニティの参加、マーケティング等、公園の質をトータルに向上させるための具体的な計画と実施状況を継続的に評価（審査）し、顕彰制度と結びつけることにより、公園の質を維持、向上しようとするものである。

１９９６年、荒廃した公園を再生するプロジェクトとしてこの制度が創設された。これは、政府がLivability（住みやすさ、生活環境の質の向上）を施策として取り入れたことにより、市民が生活環境の質の向上に寄与する公園に着目し、質の高い公園を求める声が大きくなってきたことが背景にある。そして、制度創設後、約30年以上にわたりイギリス国内をはじめとする公園緑地の質の向上と高品質な管理運営の継続性を図るため、同一の基準により評価（審査）を行い、一定水準を満たした公園を表彰してきた。アワードを受賞した公園には市民や企業などからの寄付金による基金から施設の整備や改修に必要な資金が提供され、更なる質の向上を図ることが可能な仕組みとなっている。

授与されたグリーンフラックは、地域に対して公園の質を示すものとして園内に掲げられ、これを維持するために毎年、マネジメントプランの実現に向けた取組みと改善が継続して行われることになる。

また、この制度の根幹をなすマネジメントプランの作成や評価の手引きとなる「Rising the Standard ~ The Green Flag Award Guidance Manual ~（注６）」がｗｅｂ上に公開され、どの公園も同一の規格、視点によりプランを作成し、評価を受ける仕組みが出来上がっている。そしてこの手引きには、以下の８つの視点「公園がどうあるべきか、公園の整備や管理において留意すべき事項は何か」が示されている。そして、各々の視点の必要性や課題、施設整備や管理運営面のあり方や考え方が示され、公園の特性に応じてこれらに基づいてマネジメントプランを検証できるようになっている。

① A Welcoming Place「来園者を迎え入れる状況は適切か」

注５「新たな時代の都市マネジメントに対応した都市公園等のあり方検討会最終報告書」（国土交通省都市局公園緑地・景観課：平成28年５月）
注６「Rising the Standard ~ The Green Flag Award Guidance Manual ~」
http://www.greenflagaward.org.uk/

②Healthy, Safe and Secure「健康で安全・安心に利用できる場所になっているか」
③Well Maintained and Clean「清潔、適切に管理されているか」
④Environmental Management「サスティナブルな管理がされているか」
⑤Biodiversity, Landscape and Heritage「環境保護対策と歴史・文化遺産の管理は十分か」
⑥Community Involvement「コミュニティの参加はうまくいっているか」
⑦Marketing and Communication「マーケティングとコミュニケーションの視点を持っているか」
⑧Management「マネジメントが適切に計画され、実施されているか」

日本での展開、活用

前述の利用者満足度調査において、高止まりした評価を更に向上させるには施設の整備や改修が必要なことを示したが、グリーンフラッグアワードのように継続的にハードとソフトの両面を評価、支援する仕組みがこれまでの自己評価や利用者満足度評価を補完、補強すると共に、行政と指定管理者が連携した評価の仕組みとして有用なものになると考えられる。これにより、更なる公園の魅力アップ、管理運営のスキルの向上、質の向上に繋げることが可能になると考えられる。

評価の活用と展開

公園の管理運営と評価は公園の建設目的、マネジメントプランを達成することはもとより、数十年といった単位で地域とともに育て、活用し、発展させるための重要なプロセスである。しかし、評価を行うことが目的化したり、数値的な評価を上げることが目的となって数値の背景を読み取ることを怠ったり、評価を行うことに多くの時間や労力を費やし、本来行うべきことが疎かになっては本末転倒である。

近年の社会状況やライフスタイル、価値観等の変化を背景として、公園をとりまく状況や公園の果たす役割、ニーズは多様化している。そのような状況において公園を良好な社会ストックとするためにマネジメントプランを含め、時代の趨勢に応じた評価を適切に行い、管理運営に反映させることはこれまで以上に重要になってくる。

先に述べた自己評価、利用者評価、マネジメントプランに基づくハードとソフトの一体的な改善や顕彰制度との組み合わせによる評価の仕組みはまだまだ改善と工夫の余地があり、公園の管理運営という職能を確立する上で重要なものとなる。

今後はマーケティングの手法やビッグデータの活用、医療や福祉、教育、経済活動等の周辺分野と連携した管理運営の目標設定や評価の展開も考えられる。そして、評価の効率化や精度向上、公園全体のボトムアップに繋がるよう、なるべく多くの公園で利用できる評価の仕組みや基準（プラットフォーム）の確立、最大のステークホルダーである市民参加による評価システムの構築など、公園の質の向上に向けた評価のあり方や活用の可能性は広がると考える。

公園からの健康づくり

竹田和真

一人の女の子が、親に付き添われ、不安げな様子で診察室に入ってきた。彼女の名前はドナ(仮名)。2型糖尿病を患っている。診察を終えた小児科医は、処方箋にこう書き込んだ。「パウエル公園で、土曜日の午前10時から11時まで、姉とテニスをすること。」

これは「公園処方箋:Park Prescription」と呼ばれる、アメリカで実際に用いられている処方箋だ。患者に対して、薬の代わりに公園ですごすことを処方するというアイデアは一見突飛に映るかもしれない。しかし、公園の持つ効果や価値を考えれば当然のことであり、逆になぜ今までなかったのかと疑問にさえ思えてくる。私たち一人ひとりの健康の維持・増進や予防に公園が役に立つということに、いま改めて注目が集まっている。

健康づくりは私たち一人ひとりに降り掛かる社会全体の課題

1970年「高齢化社会」(総人口に占める65歳以上人口の割合(高齢化率)7・1%)。1994年「高齢社会」(同14・1%)。2007年「超高齢社会」(同21・5%)。2013年には4人に1人(同25%)が高齢者(注1)。さらに、2036年には3人に1人(同33・3%)に達するとされている(注2)。このように我が国は、世界でも類を見ないスピードで高齢化が進行し、平均寿命が女87・32年、男81・25年という世界屈指の長寿大国となっている（注3）。

しかし、平均寿命が伸びる一方で、日常生活に制限のない期間の平均に当たる「健康寿命」との差（不健康な期間）が、女12・35年、男8・84年もある（男女とも２０１６年時点）（注4）。この不健康な期間を短縮し、クオリティ・オブ・ライフ：Quality of Life（ＱＯＬ）を向上させることは誰もが願う社会全体の課題である。不健康な状態の一部を占める「要介護」の主な原因として、認知症や脳血管疾患、ロコモティブシンドローム（運動器症候群）が挙げられるが、これらは糖尿病や高血圧、肥満といった生活習慣病といわれる慢性疾患、あるいは日常的な運動不足に起因する場合が多いとされる（注5）。また、今や年間43兆円を超え、国家財政を圧迫している国民医療費（国民全体が1年間に傷病の治療に要した費用）は、さらに２０４０年頃まで増え続けると見通されており、その高騰要因のひとつに、高齢者人口の増加と並んで、生活習慣病患者の増加が挙げられている（注6、7）。このように生活習慣病の予防と解消は、待ったなしの大きな課題だ。

【注釈】

注1 総務省統計局：人口推計

注2 内閣府（２０１９）：令和元年版高齢社会白書

注3 厚生労働省（２０１９）：平成30年簡易生命表の概況

注4 厚生労働省（２０１９）：「健康寿命のあり方に関する有識者研究会」報告書

注5 公益社団法人日本医師会公衆衛生委員会（２０１８）：公衆衛生委員会答申「健康寿命延伸のための予防・健康づくりのあり方」

注6 厚生労働省（２０１９）：平成29年度国民医療費の概況。平成29年度国民医療費の内訳を年齢階級別に見ると65歳以上の高齢者は約6割を占め、傷病分類別に見ると生活習慣病は3割を超える。

注7 厚生労働省（２００６）：医療制度改革大綱による改革の基本的考え方

このような状況の中、厚生労働省では「地域包括ケアシステム」の整備を全国各地で進めている。高齢者が住み慣れた地域で、安心して自分らしい自立した生活ができるように、治療（キュア）だけではなく、保健サービス（健康づくり）、在宅ケア、リハビリテーション、福祉・介護サービスのすべてを包含する包括ケアを実践し、ＱＯＬの向上をめざす仕組みだ（注8）。

我が国は、長寿大国と呼ばれる一方で、２０１１年以降本格的な人口減少時代に突入しており（注1）、２０１８年には出生数が91・8万人と最低を更新する（注9）など、生まれてくる子どもの数の減少に歯止めがかからない状態が続いている。それだけに、未来の日本を支える担い手である子どもたちを、より一層大切に育んでいく必要がある。

子どもたちに目を向けると、体育嫌い、運動嫌いが増え、運動離れやそれに伴う体力低下が深刻な課題と言われている（注10）。加えて、小児肥満や小児メタボリックシンドロームといった生活環境や生活習慣に起因する慢性疾患が蔓延し（注11）、自閉症や最近では注意欠陥多動性障害（ＡＤＨＤ）といった発達障害も増えているという（注12）。これらに関して前者は「外遊び」との関係（注13）、後者は「自然体験」との関係（注14）も指摘されており、こうした観点からも、外に出て体を動かすこと、自然の中で生きものとふれあうことが如何に素晴らしいかを、子どもたちに伝えていく必要がある。

また、人口が減少するということは、労働人口が減少するということでもあり、企業にとって、従業員やその家族のフィジカルとメンタル双方の健康増進を図ることは、生産性向上をめざす上での重要な経営課題となりつつある。このような企業の健康経営を加速させるために、経済産業省では健康経営銘柄を選定する取組も進んでいる。

読者の中には、自分には関係ないことと思う方もいるかもしれない。しかし、自分自身の健康のみならず、いざ、自分の親や子ども、さらには職場の同僚やその家族の健康が損なわれたとき、当たり前の日常生活や職場環境が一変するであろうことは想像に難くないはずだ。健康づくりは他人事ではない。あらゆる面で自分事なのである。そして日本国憲法第25条（注15）を持ち出すまでもなく、私たち一人ひとりに降り掛かる社会全体の大きな課題なのである。

人々の健康と幸せを支えるのは公園である

厚生労働省のホームページに掲載されている地域包括ケアシステムの図（図1）を見ると、「病気になったら…医療」のところには病院が、「介護が必要になったら…介護」のところ

注8　尾道市立総合医療センター公立みつぎ総合病院：「地域包括ケアシステム」
http://www.mitsugibyouin.com/comprehensive-system/

注9　厚生労働省（２０１９）：平成30年（２０１８）人口動態統計月報年計（概数）の概況

注10　スポーツ庁（２０１９）：２０１９年度全国体力・運動能力、運動習慣等調査結果。子どもの体力は水準の高かった昭和60年頃と比べて依然として低い結果となっている。

注11　厚生労働省：ｅ－ヘルスネット「子どものメタボリックシンドロームが増えている」
https://www.e-healthnet.mhlw.go.jp/information/metabolic/m-06-001.html

注12　文部科学省（２０１８）：平成29年度通級による指導実施状況調査結果

注13　文部科学省中央教育審議会（２００２）：子どもの体力向上のための総合的な方策について（答申）

注14　Frances E. Kuo and Andrea Faber Taylor（２００４）：A Potential Natural Treatment for Attention-Deficit/ Hyperactivity Disorder: Evidence From a National Study

注15　日本国憲法第25条　すべて国民は、健康で文化的な最低限度の生活を営む権利を有する。2、国は、すべての生活部面について、社会福祉、社会保障及び公衆衛生の向上及び増進に努めなければならない。

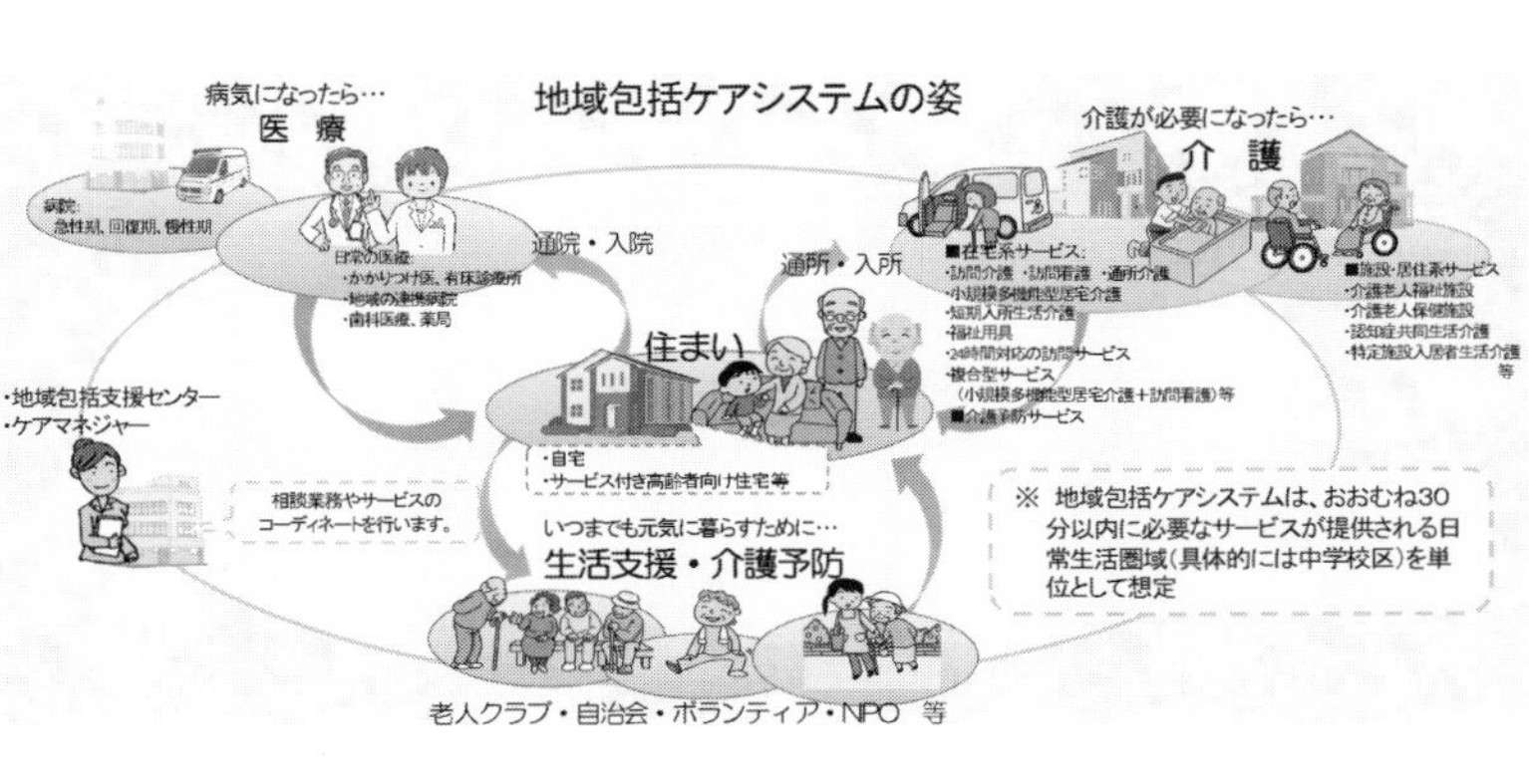

図１　地域包括ケアシステムの概念図。「生活支援・介護予防」にふさわしい場所はどこ？　出典：厚生労働省ホームページ

には介護老人福祉施設等の各種施設やサービスが例示されている。では、「いつまでも元気に暮らすために…生活支援・介護予防」のところには何が示されているか？　ベンチに腰掛けて談笑したり、体操や花壇の前を散歩する高齢者のイラストと、「老人クラブ・自治会・ボランティア・NPO等」の文字があるだけで、具体的な施設やサービスは示されていない。しかし、イラストに描かれているようなシーンが日常的に見られ、「老人クラブ・自治会・ボランティア・NPO等」が日常的に利用、活動している場所といえば、もうお分かりだろう。全国に約11万箇所が整備され（注16）、どの町にも必ずある身近な施設。

そう、公園だ。

ここで改めて「健康」の定義を見てみたい。世界保健機関（WHO）憲章では、次のように定義されている。

"Health is a state of complete physical, mental and social well-being and not merely the absence of disease or infirmity."

「健康とは、肉体的、精神的及び社会的に完全に良好な状態であり、単に疾病又は病弱の存在しないことではない。」（注17）

要するに、身体が病気でない、弱っていないだけではなく、心の状態も良好で、さらには自立や社会参加といった社会との関係においても良好となってはじめて健康であるということだ。

そもそも公園の果たすべき使命とは何だろうか？　公園は、憩いや安らぎ、自然と触れ合う機会、健康増進や予防のために身体を動かす機会を提供してくれるだけでなく、人と出会い、ボランティア活動をはじめとする社会参画の機会も提供してくれる。２０１９年にスポーツ庁が行った世論調査によると、人々が運動やスポーツを実施する最大の理由は「健康のため」であり、その実施場所として道路、自宅に次いで多かったのが公園である（注18）。また、２０１９年にとりまとめられた認知症施策推進大綱においても、運動不足の改善、生活習慣病の予防、社会参画による社会的孤立の解消等が認知症予防に資する可能性があるとされていることを背景に、高齢者が身近に通える場の拡充が、認知症予防対策の一番目に挙げられている。この中で公園は、地区公民館と並んで、今後拡充すべき「通いの場」としての役割が期待されている（注19）。

公園は、すべての人に公平に開かれた場所であるからこそ、すべての人の肉体的、精神的、社会的な健康に貢献できる（注20）。人口が集中する都市部を中心に計画的に整備された全国約11万箇所の都市公園からなるパークシステム。地域包括ケアシステムをはじめとするヘルスケアシステム。この両システムを結びつけ、公園を地域の健康インフラとして使いこ

注16 国土交通省（２０１８）：都市公園等整備の現況等（H30．3）。２０１７年度末現在１０９，２２９箇所

注17 World Health Organization（１９４６）：Constitution of the World Health Organization.

注18 スポーツ庁（２０１９）：平成30年度「スポーツの実施状況等に関する世論調査」（平成31年1月調査）

注19 認知症施策推進関係閣僚会議（２０１９）：認知症施策推進大綱。本大綱における「予防」とは、「認知症にならない」という意味ではなく、「認知症になるのを遅らせる」「認知症になっても進行を緩やかにする」という意味で用いられている。

注20 ＩＦＰＲＡ（２０１３）：Benefits of Urban Parks: A systematic review。都市公園の効果の一番目に「健康への直接的、間接的影響 Urban parks and direct and indirect health effects」が挙げられている。

なすことによって、不健康な期間の短縮とＱＯＬの向上、つまり人々の健康で幸せな暮らしを実現することができるのではないだろうか。人々の健康と幸せを支えるのは公園なのだから。

公園からの健康づくり――日本の取組事例から

生活習慣病や認知症の予防には適度な運動がよいとされるが、「適度」の程度がよくわからない。「運動」と聞くだけで、つらい、しんどいと敬遠されがちだ。しかも、忙しくて運動する時間もないと聞く（注18、21）。実は、健康づくりに効果がある運動は、無理をせず、自分の体力に合った、軽くて楽な運動で十分だということが分かっている（注22、23）。誰もが、いつでも、どこでも、簡単に取り組める軽い運動強度のプログラムを探し求めた結果、福岡大学スポーツ科学部の田中宏暁教授が提唱する「ニコニコペース」と、その理論に基づいた「スロージョギング®」にたどり着いた。ニコニコペースとは、軽い運動強度（最大酸素摂取量 VO_2max の50％程度）のことを称したもので、この強度の運動であれば誰でも容易に笑顔を保ちながら行えることから、田中教授がそう名付けたもの。スロージョギングとは、ニコニコペースのジョギングのこと、つまり息が上がらず隣の人と笑顔でおしゃべりができるぐらいスローなペースで行う有酸素運動で、田中教授の研究によると、生活習慣病の治療や予防に有効であることが分かっている（注24）。そこで私たちは、ニコニコペース理論とスロージョギングを取り入れた健康づくりプロジェクト「大阪発、公園からの健康づくり」を２０１３年から大阪でスタートさせた。できるだけ広範囲の住民や利用者にアプローチするためには、規模の大きな公園をネットワークさせることが有効と考え、大阪府営及び大阪市営の都市公園の指定管理者、並びに国営淀川河川公園の管理業務受託者が互いに連携・協力しあう体制を構築した（図2）。そのうえで、運動を始める「きっかけづくり」と、続けるための「継続支援」に取り組んだ。

きっかけづくり

運動習慣のない人に、いつでも、どこでも簡単にできるスロージョギングを知ってもらい、始めてもらうためのきっかけづくりとして、まず1年目（２０１３年）に、スロージョギングイベントを行った。提唱者の田中教授を講師に招き、大阪府営の服部緑地（豊中市他）と山田池公園（枚方市）で延べ5回開催した。服部緑地では「一人で走っていても続かない」「仲間と一緒に走るのは楽しい」と、イベント参加者が呼びかけてスロージョギングクラブが発足するという嬉しい効果があった。また、山田池公園のイベント参加者には、変形性

注21 厚生労働省（２０１８）：平成29年国民健康・栄養調査報告。運動習慣のない者の割合は約7割にのぼる。この傾向はこの10年間変わっていない。

注22 Kodama S et al.（２００９）：Cardiorespiratory fitness as a quantitative predictor of all-cause mortality and cardiovascular events in healthy men and women: a meta-analysis. これによると、全身持久力（最大酸素摂取量 VO_2max）が8メッツ以上の人は、それ未満の人に比べて冠動脈疾患や心血管病の発症率や死亡率が低い（健康リスクが低い）とされる。

注23 例えば、日本糖尿病学会の「科学的根拠に基づく糖尿病診療ガイドライン２０１３」では、糖尿病を改善させる運動として、中等度の強度（最大酸素摂取量 VO_2max の50％）の有酸素運動が推奨されている。

注24 田中宏暁（２００５）：ニコニコペースの効用

図2 Park & Health の文字を配した「大阪発、公園からの健康づくり」の統一ロゴマーク。スタート時のメンバーは、一般財団法人大阪府公園協会、一般財団法人大阪スポーツみどり財団、阪神造園建設業協同組合、一般財団法人公園財団、株式会社公園マネジメント研究所。「大阪発、公園からの健康づくり」の取組は、２０１６年11月に設立された一般社団法人公園の健康づくりネットに継承されている

膝関節症を患う女性や普段は歩行補助杖を必要とする女性がいたが、田中教授のアドバイスを受けながら「大丈夫、これなら走れる」とスロージョギングを楽しんでいた（写真1）。

スロージョギングイベントを通じて手応えをつかんだ私たちは、翌年（2014年）、スロージョギング以外にも、太極拳やポスチュアウォーキング、リズミックボクシングといった誰でも手軽に楽しめるエクササイズをメニューに加え、さらに鍼灸マッサージや健康セミナーなども組み合わせることで、健康無関心層にもフェス感覚で楽しんでもらえる健康づくりイベントへと発展させた（「公園でからだにいいことDAY」「ヘルシージョイフェス」）。多くの企業、団体から様々な支援と協力をいただきながら、大阪府営の服部緑地や寝屋川公園（寝屋川市）、山田池公園、大阪市営の鶴見緑地や長居公園、南港中央野球場、並びに国営淀川河川公園外島地区（守口市）と、毎回場所を替えて年2回の頻度で開催を重ねた。「運動はつらくない。日常生活のちょっとした隙間時間でも簡単にできる。」こうしたメッセージを、イベントを通じて、多くの人々に伝えた。

継続支援

健康は1日にしてならず。健康づくりで大切なのは、何と言っても続けること。しかし、時間に追われる現代人にとって、続けることは本当に難しい。そこで、続けることを支援するプログラムにも取り組んだ。1年目に取り組んだ単発のスロージョギングイベントをベースに、2年目（2014年）に「スロージョギング教室」と名付けてシリーズ化した。

まず、私たちの公園ネットワークを活かして、大阪府営の浜寺公園（堺市）や大泉緑地（同）、

写真1　最初は不安がっていた変形性膝関節症の参加者も、他の参加者とおしゃべりしながらスロージョギングを楽しんでいた

山田池公園、大阪市営の長居植物園や八幡屋公園、並びに国営淀川河川公園外島地区など、公園横断的に年間延べ17回実施した。特に印象深かったのは8月に開催した浜寺公園のイベントでの出来事。一人で参加された後期高齢の女性に話しかけたところ（もちろんスロージョギングしながら）、「一人暮らしで、人と話す機会がほとんどない。だから思い切って参加した。数週間ぶりに人とおしゃべりができて楽しい！」といろいろな話を聞かせてくれた。私たちにとって、公園が、身体の健康だけではなく、人と出会い、人と人とのつながりが生まれる場所として、精神的な健康にも社会的な健康にも貢献できることを実感した瞬間だった。

こうしたシリーズ化の手応えと定期開催を望む参加者の声を受けて、3年目（２０１５年）から、長居植物園や山田池公園等において月1回の定期開催が実現。さらに4年目（２０１６年）には、スロージョギング以外にもヨガやフラダンス、ウォーキング、モルック（写真2）といった誰でも気軽に参加できるメニューを取り入れ、それぞれ曜日を決めて毎週実施する健康づくりプログラム「ヘルシージョイクラブ」が山田池公園でスタートした。

このほか、「教室」の開催時以外でも、自分の好きな時間に公園に来て、セルフで無理なくスロージョギングができるためのツールとして、自分のニコニコペースを定量的に把握、確認するための距離表示「ＳＪメイト」を開発（写真3）。山田池公園をはじめとする複数の公園の園路表面に貼り付け、今も多くの利用者に活用されている。さらに、日々の運動や身体活動の強度や時間を記録するスマートフォン専用アプリ「公園処方箋 for iPhone」が２０１８年にリリースされた（注25）。これを活用すれば、自分の体力に適したニコニコペー

写真2 木製の棒（モルック：Mölkky）を投げて木製ピンを倒すフィンランド発祥のスポーツ。シンプルなルール、戦略と計算力（足し算）が要求される点が老若男女を惹きつける魅力となっている
https://parkhealth.jp/molkky

ス（軽い運動強度）と、そのニコニコペースの運動が日常生活において実際にどの程度行われているか把握できるため、忙しくて公園に来ることができない人でも生活習慣の工夫や改善につなげられる。

科学的に裏付けられたニコニコペース理論とスロージョギングから得られる「これならできる」という安心感と意欲。続けていくうちに自分の身体が変わっていく満足感と自信。この成功体験と、いつでも誰に対しても開かれた公園だからこその相乗効果が、運動を継続することへの好循環を生むと確信している。

「大阪発、公園からの健康づくり」の公園を拠点としたポピュレーションアプローチの実践は、第1回大阪府健康づくりアワード地域部門で大阪府知事賞（最優秀賞）を、第5回健康寿命をのばそう！アワード生活習慣病予防分野（団体部門）で厚生労働大臣優秀賞を受賞するなど、社会的にも高い評価を受けている。

公園処方箋：Park Prescription　——アメリカの取組事例から

「大阪発、公園からの健康づくり」が、健康増進や予防に対する公園側からのアプローチであるのに対して、これから紹介するアメリカの取組事例は、患者の治療に対する公園と医療のパートナーシップ、及び医療が公園を取り込んだ事例である。

公園と子ども病院のパートナーシップ

アメリカ西海岸のサンフランシスコ湾東部に、イーストベイ地域公園区（ＥＢＲＰＤ）

写真３　スタート地点から２５０ｍ地点まで１０ｍごとの距離表示のセット。息が乱れないペースで１分走を行い、その移動距離から、その人の体力にあった運動の強さ（ニコニコペース）が数値化（見える化）される。ＳＪメイトのスタート地点には、アドバイスが書かれてあるので安心

はある（注26）。ＥＢＲＰＤでは、ＵＣＳＦベニオフ子ども病院オークランド（UCSF Benioff Children's Hospital Oakland）と連携して、患者の子どもたちと公園をつなぐことによる健康改善プログラムを２０１４年にスタートさせている。ＳＨＩＮＥ（Stay Healthy In Nature Everyday）と名付けられたこのプログラムでは、肥満や糖尿病、ＡＤＨＤといった慢性的な病気と闘う１５０名以上の子どもたちとその家族を、毎月第1土曜日にＥＢＲＰＤの公園へ連れて行き、病院スタッフや公園スタッフと一緒に歩いたり、簡単なゲームをしたり、生きものと触れ合ったりしながら楽しく貴重な時間を過ごす。子ども病院の小児科医 Nooshin Razani 氏にたずねると、ＳＨＩＮＥプログラムは、闘病生活をはじめ様々な要因からくる子どもたちのストレスを和らげるだけでなく、早く病気を直して元気になろうという前向きな気持ちにさせ、活動的にし、孤独感を取り除いてくれると話してくれた。まさに公園が、子どもたちにとってかけがえのないものとなり、薬では決して得られない効果をもたらしてくれる。

公園と子ども病院との連携の背景には、公園、医療、福祉、教育、コミュニティサービス等の関係機関で構成される連携体制の存在がある（写真４）。構成メンバー同士で、分野の垣根を越えて、さらには国、地域、郡、市といった行政の垣根も越えて、「人々の健康と幸せを支えるのは公園だ！」という強い思いがしっかりと共有できたことが、ＳＨＩＮＥプ

注25　一般社団法人公園からの健康づくりネットが運用している。App Store からダウンロードできる。

注26　イーストベイ地域公園区 East Bay Regional Park District は、アメリカ合衆国カリフォルニア州のアラメダ郡とコントラコスタ郡に点在する自然豊かで美しい73の公園と２０００㎞以上のトレイルからなる。

写真４　Healthy Parks,Healthy People Bay Area collaborative（HPHP：Bay Area）。サンフランシスコ湾岸地域全9郡の50以上の公園、医療、福祉、教育研究、コミュニティサービス等の関係機関で構成される。ＳＨＩＮＥプログラムの他に、毎月第1土曜日に公園を使って Nature Walk をはじめ様々なエクササイズを行う First Saturday プログラムや、郡ごとに独自の公園処方箋プログラムも行われている

ログラムの実現に結びついた。

公園処方箋：Park Prescription

最後に紹介するのは、ワシントンDCの病院に勤める小児科医Robert Zarr氏。彼は、小児科医として、肥満や糖尿病といった慢性的な病気を抱える子どもたちに必要なのは、薬ではなく、もっと公園で過ごし、身体を動かして遊ぶ時間を持つことだと考え、公園へ行き、遊ぶことを処方する「公園処方箋：Park Prescription（Rx）」というアイデアを温めていた。そして、実際に公園へ行くことを処方するため、ワシントンDC内にある約350箇所の公園をひとつずつ調査して回り、清潔度、アクセスのしやすさ、身体活動レベルの3項目で評価。その結果を公園ごとに1枚のカルテにまとめ公開した（DC Park Rx）（注27）。しかし、2015年に彼に会ったときは、まだこの公園カルテの本格的な実用には至っていないと話してくれた。

それが、2017年、再び彼を訪ね、近況を聞いて驚いた。公園ですごすことを処方する「公園処方箋」の普及と促進を使命とする非営利団体Park Rx Americaを設立し、DC Park Rxをさらに進化させ、公園がさらに検索しやすくなったウェブサイトが公開されていた（図3）。そして何よりも驚いたのが、「公園処方箋」を採用する医師がすでに50名もいるということだった。さらに彼は、その数を、2年後、つまり2019年末までに1000人に増やしたいと語ってくれた。2019年12月現在、アメリカの46の州の公園約10000箇所がPark Rx Americaのシステムに組み込まれ、全国で500名近くが公園

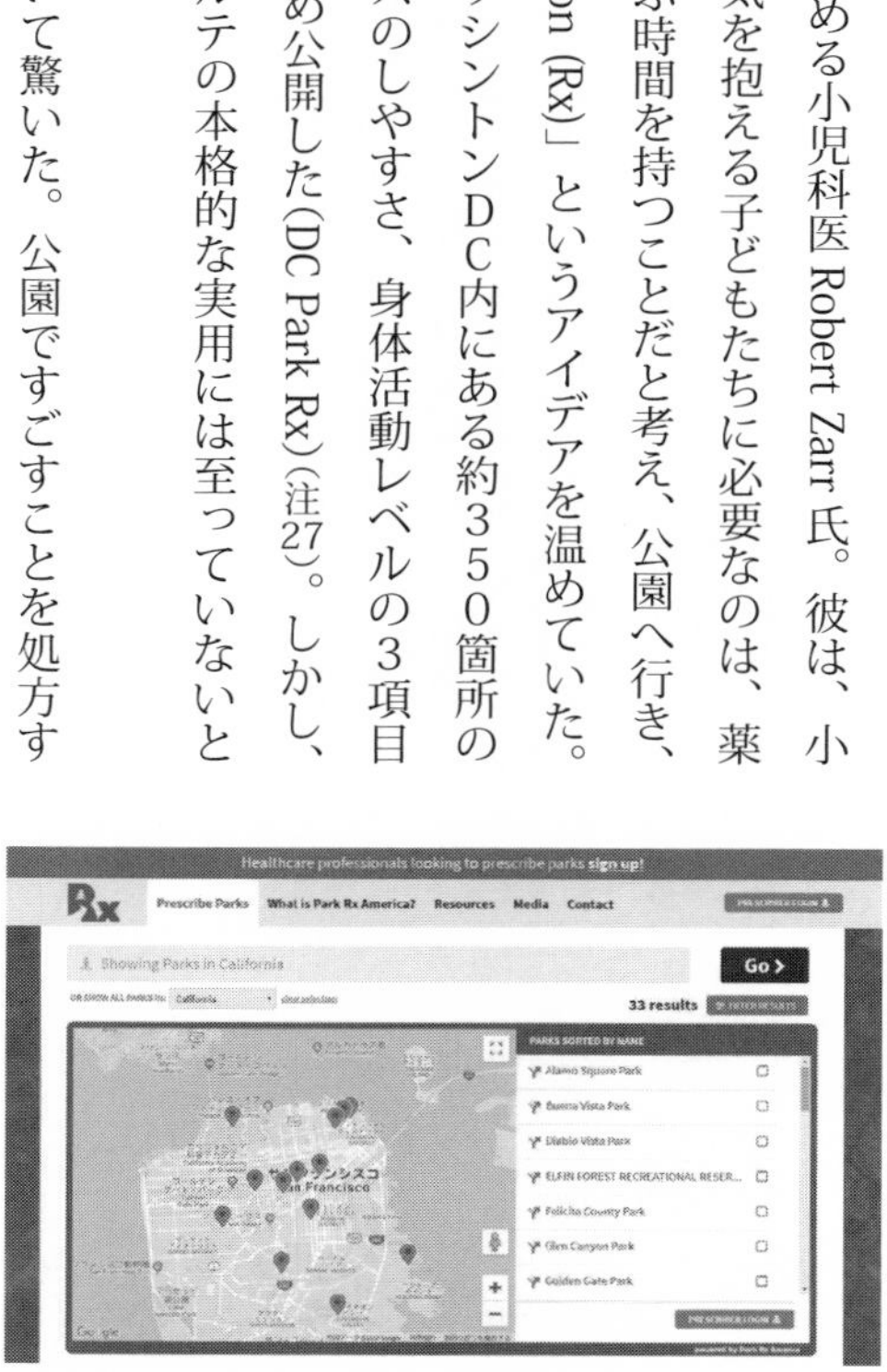

図3　Park Rx Americaのウェブサイト。このトップページから公園が検索できる
https://parkrxamerica.org

を処方する医師として登録されているという。彼は、診察室にも案内してくれて、壁に貼られたポスターを使った患者やその保護者向けの「公園処方箋」の説明や、診療システムを使った「公園処方箋」の作成を、本番さながらに再現してくれた（写真5）。

患者の名前はドナ（仮名）。病名は2型糖尿病。その女の子の住所から近くの公園を検索して公園カルテを呼び出し、どんな施設があるのかを確かめてから、処方箋にこう書き込む。

「パウエル公園で、土曜日の午前10時から11時まで、姉とテニスをすること。」

写真5　診察室に貼ってある「公園処方箋 Park Rx」のポスターを使って説明するRobert Zarr医師

公園を処方された子どもも付き添う親も、きっと笑顔で病院を後にするに違いない。医療の現場では、患者の健康と幸せを考える医師にとって、公園が薬に代わる選択肢となり始めている。やはり、人々の健康と幸せを支えるのは公園なのだ。

注27 DC Park Rxプロジェクトとしてまとめられた公園カルテは、米国小児科学会ワシントンDC支部（DC Chapter of the American Academy of Pediatrics）のウェブサイト（http://www.aapdc.org/prx/）で公開されている。

地域振興に寄与する公園マネジメント

平松玲治

都市公園と地域振興

都市公園を管理運営（マネジメント）する上で、地域との関わり（連携）や関わり方（関係性）、地域のためになること（貢献）に配慮しなければならない。なぜなら、公共施設である都市公園は、利用面で地域に開かれた存在であるとともに、環境・景観面で地域の骨格を形成する等、マネジメントをする上では、地域を意識せざるを得ないからである。今後は更に、公園が地域へ影響を及ぼす「地域貢献」にとどまらず、公園との関わりで地域が更に発展していく「地域振興」の観点による公園マネジメントが求められる可能性もある。本稿では、公園マネジメントのなかで地域振興をいかに達成すべきかを探るべく、まず、全国のさまざまな都市公園で実践されている地域に貢献する公園マネジメントの実態を踏まえた上で、次に、国営みちのく杜の湖畔公園で実践されている地域振興を目指した公園マネジメントの事例を取り上げる。これらの事例をもとに、傾向や特徴を整理し、地域振興に寄与する公園マネジメントのあり方について考える。

地域に貢献する公園マネジメントの実態

これまでに都市公園は約10万箇所、12万ha以上（注1）が整備されており、防災性向上、環境維持・改善、健康・レクリエーション空間提供、景観形成、文化伝承、子育て・教育、コミュニティ形成、観光振興、経済活性化に対するストック効果が期待されている（注2）。これらが目指す方向性は、地域に貢献する公園マネジメントが目指している目的や成果と共通するものである。公園財団（公園管理運営研究所）では、2011年から数年にわたり、全国の都市公園を対象とした、地域に貢献する公園マネジメントの実態を把握する調査・研究を実施している。その結果、少子高齢化や観光資源の不在という地域全体が抱える課題と都市公園の課題が合致する一方、都市公園は緑化による都市の環境維持・改善の面から地域に貢献していると評価されていることが把握された（注3）。また、観光面や経済活性化等に効果のある公園マネジメントは、多くの公園で金銭や人員面での制約があるため実施困難であるが、指定管理者等（注4）が工夫をしている取り組みもいくつか見られた。調査・研究の結果から、ストック効果としてあげられた、環境維持・改善、景観形成、文化伝承、観光振興、経済活性化を目指した事例について紹介する。

【注釈】

注1　都市公園等整備の現況等（2018）：国土交通省ホームページ：http://www.mlit.go.jp/crd/park/joho/database/t_kouen/pdf/01_h29.pdf

注2　都市公園のストック効果向上に向けた手引き（2016）：国土交通省ホームページ：http://www.mlit.go.jp/common/001135262.pdf

注3　森本・平松（2016）：都市公園の管理運営における地域貢献について：公園管理研究（9）P89−92

注4　本稿では、地方公共団体の公園管理を行う指定管理者と国営公園の公園管理の受託者を合わせて「指定管理者等」という

地域の環境維持・改善を目指した公園マネジメントとして、福岡市かなたけの里公園（以下、「かなたけの里公園」という。）の事例がある。かなたけの里公園では、周辺地域と同様に公園用地がもともと田畑や果樹園であったことを活かして、地域の農業に関わる空間と営みを保全する管理を行っている。かなたけの里公園では、公園内の田畑（写真1）、果樹園で農体験プログラムを提供するとともに、公園ボランティアと協働して竹林管理を実施して発生材を使ったクラフト教室等を開催している。また、公園内に生息するゲンジボタル、ニホンアカガエルなどの生き物の保護も行い、生息調査や利用者向けの観察会等も開催している（注5）。

地域の景観形成を目指した公園マネジメントとして、京都府立関西文化学術研究都市記念公園（以下、「けいはんな記念公園」という。）の事例がある。けいはんな記念公園では、園内にある里山を管理していく目的として、「花の咲く森」の実現を掲げており、林床にあるモチツツジ、コバノミツバツツジを開花させている。これらの管理で実践することにより、本公園で培われた里山管理のノウハウを活かして、町有林などの管理に対して助言をしている。公園で里山管理のモデルを提示することで、里山林等を有する周辺地域へ波及させることが可能となっている（注5）。

地域の文化伝承を目指した公園マネジメントは、多くの「歴史公園」で行われている。弘前市鷹揚公園、東京都上野恩賜公園、国営飛鳥歴史公園等、公園内に城跡や古墳をはじめ歴史的に貴重な資源を有する歴史公園では、歴史資源についての認知向上と理解深化、歴史文化継承、利用促進などの観点から、歴史資源を活かした取り組みが実施されている（注

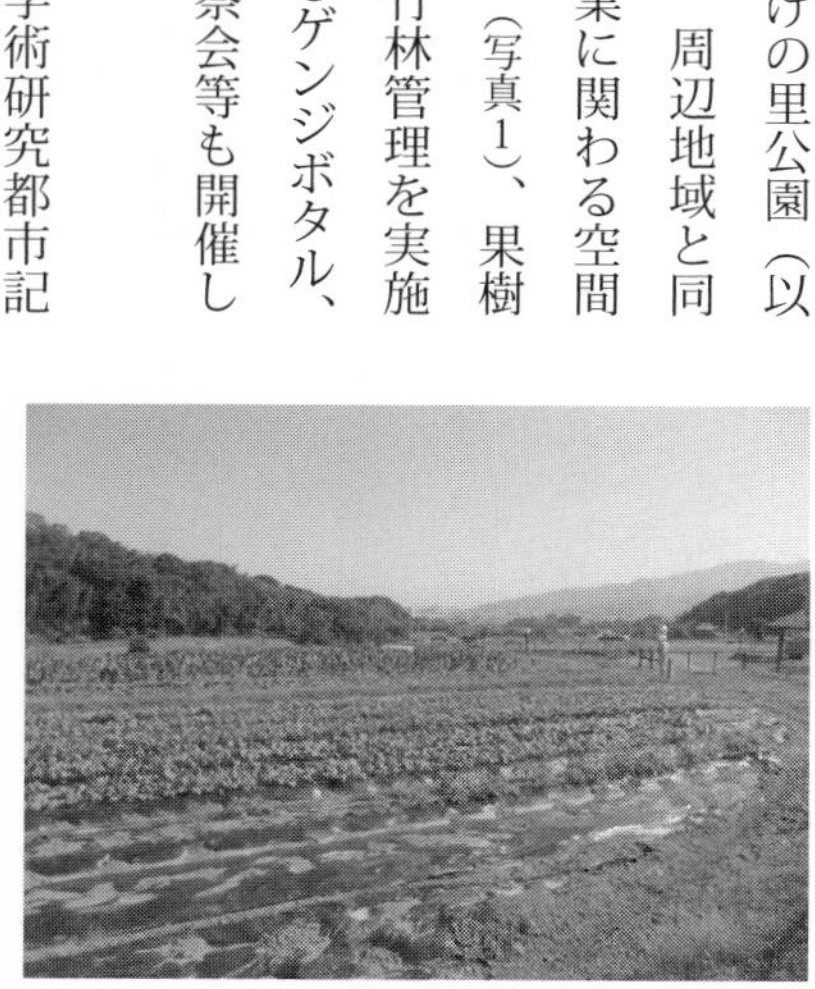

写真1　かなたけの里公園の農業体験農園

6)。歴史資源の保全・活用を公園内の植物で行うことも可能であり、例えば、国営飛鳥歴史公園では、カワラナデシコ、ハナナ、ハギ等の公園内に自生しており、万葉集に収録された歌にも詠まれている「万葉植物」を保全することで、歴史的な景観の再現をはかっている（注7）。

地域の観光振興を目指した公園マネジメントとして、越前市武生中央公園（以下、「武生中央公園」という。）の事例がある。武生中央公園の周辺地域では菊の栽培が盛んであり、菊づくりの愛好家団体が多く存在している。そうした地域の特色を活かした観光振興をはかることを目的として、1952年から菊で仕立てた人形等を展示するイベントの「たけふ菊人形」が武生中央公園で開催され、2019年現在まで継続している。「たけふ菊人形」というイベントにあわせて、公園及びその周辺が整備されていったが、近年は、年間を通して利用できる公園として、民間の営業によるカフェの導入、子どもの遊び場や子育て支援施設の再整備が行われている（注8）。

地域の経済活性化を目指した公園マネジメントとして、埼玉県吉見総合運動公園（以下、

注5 平松・嶺岸（2018）：指定管理者等による地域振興に寄与する管理運営に関する考察：公園管理研究（11）、p7－14
注6 堀江・森本（2012）：歴史公園における運営サービスと利用者数に関する現状と課題：公園管理研（6）、p11－18
注7 青木・堀江・平松（2012）：歴史公園における花の活用事例：公園管理研（6）、p11－18
注8 平松・青木・嶺岸（2019）：都市公園を活用した観光振興に関する考察：公園管理研究（11）、p15－20

「吉見総合運動公園」という。）の事例がある。吉見総合運動公園では、地域の特産物を活用した商品開発と販売を行っている。吉見総合運動公園の周辺地域では、いちごが多く生産されているが、規格外のいちごが廃棄処分されている。このいちごを活用した商品として、オリジナルドリンクの「つぶつぶいちごのベジタブルスムージー」（写真2）を吉見総合運動公園と地元の大学で共同開発し、公園内で販売している。本商品は、2013年に国産農林水産物の消費拡大を目指し、日本全国の優れた産品を発掘・表彰する、「フード・アクション・ニッポンアワード」の審査員特別賞を受賞している（注9）。

写真2　ベジタブルスムージー

国営みちのく杜の湖畔公園の概要

前章で紹介した通り、地域に貢献する公園マネジメントはさまざまな公園で実践されていたが、地域貢献にとどまらず、地域振興まで目指していくには、公園内で多面的な取り組みとして実践していく必要があると考えられる。そのため、規模・内容・費用・体制等の条件が充実している都市公園における実践事例が参考となる。そこで、本章では、大規模な都市公園である国営公園で実践された事例を取り上げる。マネジメントの内容は公園の条件に影響されるため、施設内容、体制等についても述べる。

宮城県柴田郡川崎町に立地する国営みちのく杜の湖畔公園（以下、「みちのく公園」という。）は、国（国土交通省）が設置・管理している国営公園であり、東北地方の多様なレクリエーション需要に対応して整備され、大規模かつ多様な施設を有している。みちのく公園は、平成元年8月4日に面積62・1haで開園（供用開始）して以降拡張し、古民家を移築し展示した施設の「ふるさと村」や子ども用の遊具等を集めた「わらすこひろば」等がある「南地区」、オートキャンプ場「エコキャンプみちのく」や農業体験を行うことのできる「自然共生園」等がある「北地区」、里山環境の保全・活用をはかるエリアである「里山地区」が開園した（写真3）。公園が有する環境として水辺（湿地）、里山、田畑、草地、人工的な花壇、芝生地等があり、施設では移築古民家（文化財）、宿泊施設、売店・レストラン等があり、多様である（注10）。

みちのく公園におけるマネジメントの内容としては、上記の環境や施設に合わせて多様な項目がある。例えば、植物管理、動物管理、施設管理、清掃等の施設の保全をはかる維持管理、利用受付・案内、情報提供、行催事、利用指導、施設運営、収益事業等の快適で円滑な公園利用を提供するための仕組みや体制などの条件を整え、間接的に施設の保全をはかる運営管理が行われている。

みちのく公園のマネジメントは、受託者が配置されている「みちのく公園管理センター（以下「管理センター」という。）」が主体となり実施されている。開園以降、植物管理や清掃等の維持管理をはじめ、公園内での物

写真3　国営みちのく杜の湖畔公園全景

注9 「フード・アクション・ニッポンアワード2013」審査員特別賞受賞！：吉見総合運動公園ホームページ：https://yoshimi-park.com/news/entry1279.html

注10 (財)公園緑地管理財団（1997－2010）：国営公園管理の概要

販やイベント実施等の運営管理を実施するなかで、地域の住民や地元の公共団体等との連携や、公園が地域へ及ぼす貢献について配慮してきた。本章では、みちのく公園が地域振興を目指した公園マネジメントの事例として、地域へ公園で使用する花苗の生産委託、地域と協働で公園オリジナル商品の開発、失われた地域景観の再現について紹介する。

地域振興を目指した公園マネジメントの事例

①みちのく公園の南地区には、約7000㎡の規模を有する「彩のひろば大花壇」をはじめとする多くの花壇があり、合計で6万株以上の花苗を入れて修景し、来園者の目を楽しませている（写真4）。花壇に植栽する際は、配色、デザイン、品種の選定などに留意するほか適切な時期に大量かつ良質な花材料を確保することが不可欠である。そのため、管理センターでは、公園に近接した圃場（温室）を有するフラワー釜房生産組合（以下、「生産組合」という。）を下部組織に持つ、みやぎ仙南農業協同組合に生産を委託し、購入している。生産組合の前身は、キクなどの花卉の生産を生業としていた小野花木生産組合である。生産組合は、みちのく公園の整備用地の提供により営農方針を大きく転換せざるをえなくなり、生活再建対策として本公園の花壇用草花の生産に切り替え、開園時より受託生産を行い現在に至っている。また、生産組合がみちのく公園に花壇用草花を栽培する際は、圃場が公園に近接しているため、管理センターの職員が出向いて栽培指導を行うことで、周辺地域では栽培が困難と考えられてきた

写真4　みちのく公園の大花壇

冬花壇にパンジーやビオラを導入する等が試行された（写真5）。

本事例の特徴としては、生産組合の圃場がみちのく公園に近接しているため、納期の変更や数量の追加等への迅速な連絡や対応が可能、栽培に管理センターの指導を反映させられる等、民間の用地でありながら、みちのく公園のバックヤード的な機能も担っていることである。また、花苗を種苗会社や卸売・小売業者等から購入する場合に比べ、納品時期等の対応を柔軟にできること、生産者からの直接購入のために安価になること等の利点がある。その一方、みちのく公園で使用する材料の生産量を限定しているため、ある品種に生育不良が生じると、全数を納品する際に品質のばらつきが生じてしまう場合もある。また、高齢化による後継者不足も課題となっている（注11）。

本事例では、大規模花壇による観光振興、花材料の購入やそれにともなう地域の雇用確保による経済活性化、花の栽培技術の面から文化継承という複数にわたる地域貢献により地域振興に寄与している。

②みちのく公園が立地する宮城県柴田郡川崎町の新規地場産品として、チョコレート、牛肉、そばを使った公園オリジナルの商品を開発した。これらの商品開発は、２０１１年の東日本大震災による被災者支援の一環として行われた雇用創造事業である「新規地場産品開発推進業務」を管理センターが受託して始まった。川崎町としても、みちのく公園の管理センターとともに新規地場産品を開発することにより、商店街の賑わいづくり、町の認識度

写真5　花苗の委託生産

注11　平松・青木・土方（２０１７）：国営みちのく杜の湖畔公園における地域振興に寄与するマネジメント技術：造園技術報告集（９）、ｐ１０２－１０５

や知名度の向上、観光客の誘致等により町全体を活性化させることも企図していた。開発した商品は、お土産品であるチョコレート菓子「初コラータ（しょこらーた）」（写真6）、川崎町産の肉牛を串で焼いて提供する「川崎牛串（かわさきべこぐし）」、川崎産そば粉を使用した冷菓「そばアイスクリーム」である。また、商品に合わせて制作した「ゆるキャラ」は、地元川崎町のキャラクターとして観光PRに役立てた（図1）。これらの商品やゆるキャラは、地元にゆかりのある偉人の支倉常長をモチーフにしており、例えば、菓子の初コラータは、常長が日本人で初めてチョコレートを口にしたとも伝えられていることに由来している。また、ゆるキャラの「チョコえもん」は、「支倉常長の末裔。常長の意思を継ぎチョコレートの美味しさを現代に伝えるため世界中を旅している」という設定にしている。これらの開発した商品は公園内だけでなく、地元の物産センター、観光協会、スキー場、コンビニ等でも販売されている（注11）。

本事例では、観光客へ魅力ある商品の販売提供による観光振興、牛肉やそば粉等の地場産品を商品に使用することによる経済活性化、地元の偉人やいわれをキャラクターや商品に使用することによる文化継承が地域振興に寄与している。

③みちのく公園では、馬を使った技術を継承し、「森と人と馬が創る里山景観」を再現するため、イベントとして里山地区で馬で伐採木を運搬する「馬搬」（写真7）、自然共生園の水田では馬が犂《すき》を引いて耕す「馬耕」（写真8）を実施している。本イベントのように、馬を使った昔ながらの作業の再現が企画されたのは、１９７５（昭和50）年頃まで、東北地方では樹林地内の間伐材の運搬や水田の農耕に馬が使用されていたことが背景にある。地域内に

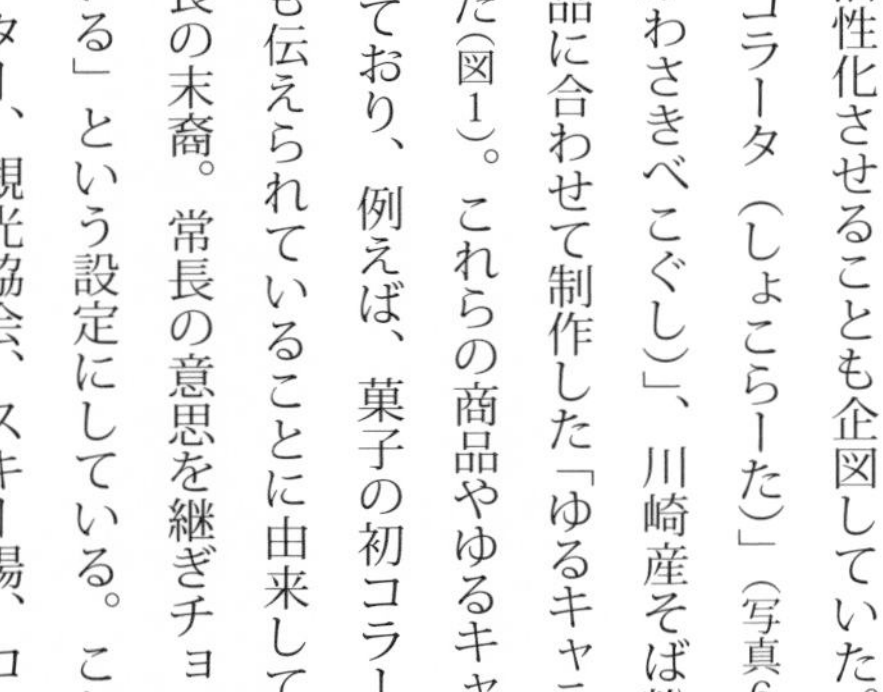

写真6　チョコレート菓子「初コラータ」

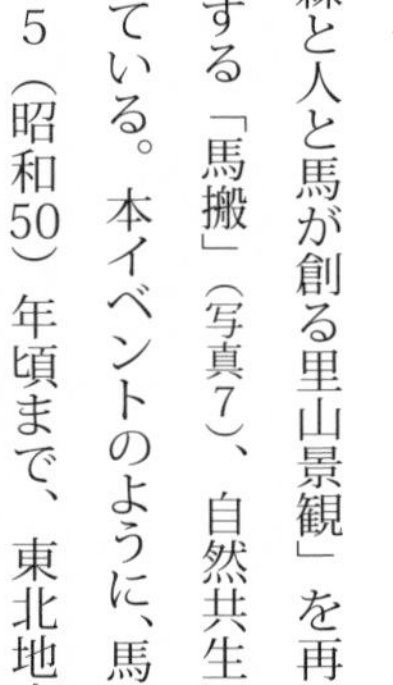
図1　ゆるキャラ「チョコえもん」

おける自然環境の再生や保全をおもなコンセプトとするエリアである、自然共生園と里山地区に合致するイベントでもあった。実施内容は、馬搬は馬を使って里山地区の山林の中から伐採木を下ろし、１００ｍ離れた空き地まで運搬する作業、馬耕は自然共生園の水田で田畑を耕す作業であり、来園者にそれらを見学していただくイベントである。

本事例の特徴は、絵になる風景づくりを実現させただけでなく、動物の存在による話題性やそれにともなう集客効果も期待できることがあげられる。また、本イベントを２０１４（平成26）年度に開催した際には、地元のＮＰＯが主催した同様のイベントと同じ時期に開催することにより、地域の文化を継承する取り組みを共同で行えただけでなく、輸送費を折半にする等、コストダウンをはかることできた（注11）。本事例では、絵になる風景づくりによる観光振興、イベント開催による公園への集客効果とそれにともなう購買増加による経済活性化、かつてあった馬による農作業風景を再現することによる文化継承が地域振興に寄与している。

地域振興に寄与する公園マネジメントに必要な要素

以上で紹介した事例の傾向や特徴を整理すると、地域振興に寄与する公園マネジメントを目指すために必要な要素として、地域との連携等による関係性の構築、柔軟かつ包括的な業務の実践が考えられる。地域振興に寄与するためには、地域との関わりや関わり方について把握することも必要である。都市公園が地域との関係性を構築していくには、いくつかのアプローチや協力の仕方がある。そこで、公園と地域との関係性を効果の波及、課

写真７　右／馬搬の再現
写真８　左／馬耕の再現

題の受け入れ、連携・協働から整理した（図2）。

第一に、公園が主導して地域へアプローチしていく方法がある。都市公園の整備ストックを有効に活用するためには、公園が保有する自然資源や歴史・文化資源等を的確に評価し活用することが求められる。これらの資源は公園を包含する地域全体の財産でもあるため、公園で適切に保全・活用することが地域に対しても効果を波及させているともいえる。つまり、公園が起点となり地域に対して影響や効果を波及させる関係となっている。第二に、公園が地域の有する課題を受け入れて解決する方法がある。地域には、少子・高齢化、健康・医療、雇用・経済、防災・防犯等のさまざまな課題を有しているが、都市公園はそれらの解決の一部を担うことも期待されている。公園が地域の課題を解決するためには、空間の活用や公園利用のかたちで何らかの状況を受け入れることとなる。つまり、公園が地域に対して受身的な関係となっている。第三に、地域と公園が対等に連携・協力して実施する方法がある。公園に限らず公共事業全体は地域に開かれた存在であること、地域との参画・協働の機会を提供することが求められており、地域内で関係する周辺住民・各種団体・企業等の多様な市民による参画を受入れた公園管理が必要である。つまり、公園と地域が互いに影響し合う関係となっている。

また、都市公園のマネジメントを進めていく上では、業務内容について見直していくことも必要であると考えられる。公園のマネジメントは、公園が有する環境や施設に合わせて多様な業務を実施しているが、モノを扱うハード、ヒトやカネを扱うソフトという、対象とする内容によって整理区分されてきた。すなわち、ハードは維持管理、ソフトは運営

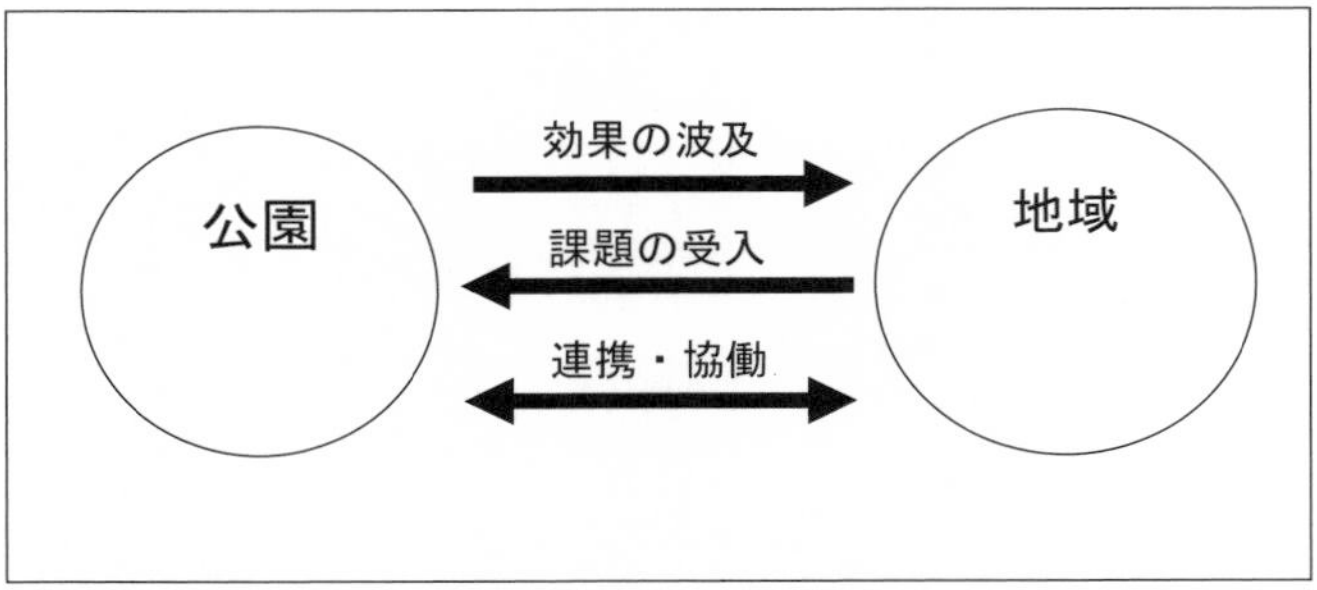

図2　公園と地域との関係性

管理である。しかし、地域振興を目指した公園マネジメントを実施する場合は、ハード・ソフトといった業務対象で整理した区分に収まりきれないのが実態である。例えば、みちのく公園における花苗の生産委託はハードに該当する業務だが、地域の経済活性化への貢献や景観の演出等の側面から見ると、ソフト的な関わりがあり、業務上の配慮も欠かせない。また、馬搬・馬耕イベントの企画・実施はソフトに該当する業務だが、開催時には傾斜した路面を移動することや、動物や大きな道具を扱うことによる安全管理として、仮設物による立入禁止措置等のハード面に留意する必要がある。ゆえに、地域振興に寄与する公園マネジメントを実施する場合は、従来の業務区分にとらわれない柔軟な発想を持ち、複数の業務を包括的かつ横断的に捉えて実行することが不可欠である。

今後の公園マネジメントに向けて

今後、地域振興に寄与するための効率的・効果的な公園マネジメントの実施には、業務継続性の確保、新規事業等の導入（チャレンジ）が求められる。

業務の継続性を確保するためには、1．管理に必要な経費の確保、2．関係者の高齢化、3．ノウハウの蓄積と継承等、さまざまな課題がある。特に、地域における公園ボランティアや関係団体等、公園とのつながりのある地域の関係者における高齢化の進行が課題となっており、将来的には、世代交代を進めることや代わりとなる新たな組織を見つける等の手立てを講じることが求められる。また、ノウハウの蓄積と継承では、人事異動等や管理運営者自体の交代による差異が出ないようにする必要がある。例えば、管理レベルの確保や地域との関係性の継続には、ノウハウや情報の蓄積を継承することが不可欠であり、その意味でも業務の手順、留意点等をまとめてマニュアル化する、引き継ぎの仕方を明確化する等、公園全体で共有できる仕組みを構築することが必要だと考えられる。

その反面、高水準のマネジメントを実施するには、従来の取り組みを継続させるだけではなく、課題を見直す等により、常に新しい事業にチャレンジすることが求められる。そのためには、担当するスタッフが普段から好奇心を持ってマネジメントに役立つ情報を収集するとともに、業務のなかで新規性や独自性のある挑戦的な取り組みを実施していくことが必要である。また、新規事業を進めるためには、公園や地域の課題解決につながる分野から公園マネジメントへ技術的ノウハウを応用することも考えられる。例えば、今後更に進行する高齢社会への対応として、公園をフィールドとした健康増進や各種活動に寄与するために、健康・医療・福祉分野の応用や連携が考えられる。

第３章

パークマネジメントのこれから

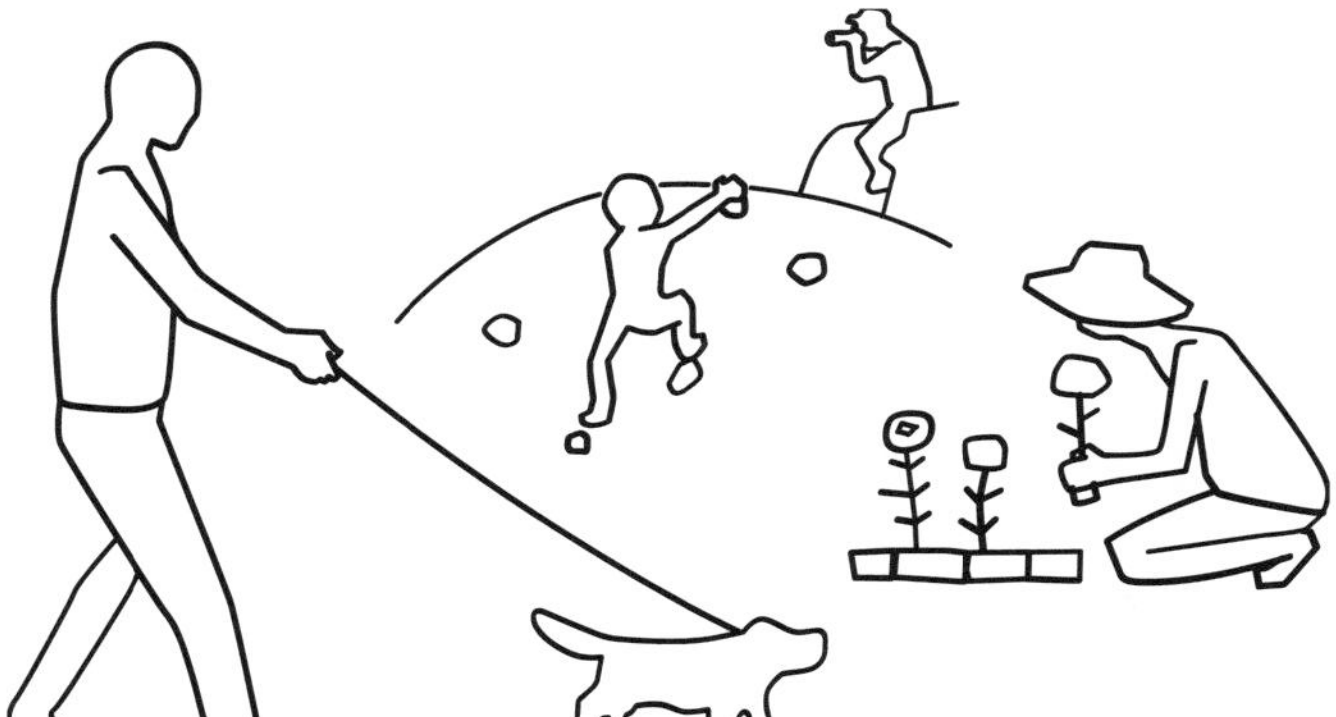

3/1

都市に変化を起こすプレイスメイキング

福岡孝則

はじめに

日本国内には現在約１２４,０００haの公園があるが、多くが老朽化や荒廃が進んでいたり、利用が停滞していたり、禁止事項で縛られ居心地の悪い場所となっている。また計画整備当初に想像された利活用と現代のライフスタイルのギャップも顕著だ。公園に限らず、私たちが暮らし、働くまちは残念なオープンスペースで満ちている。ほとんどの市民が屋外の場所との関わりを心のどこかで望みつつも、日々の生活に忙殺される中で忘れ去られているのではないだろうか。屋外公共空間のこのような課題に取り組む中で出会った考え方がプレイスメイキングという魔法の言葉である。

プレイスメイキングとは、場所を中心に人々がつながることを軸にした意識・プロセスだと考えている。それでは場所と人のつながりはどのようにしてつくられるのだろうか。日本の都市や地域を巡る中で、公園やまちのの花づくりに関わる人、広場にファーマーズマーケットを出展する人たちなど、場所への愛着を強くもつ人たちにも出会った。一人の人間として小さな場所との関わりをもつことは、大きな都市と自分の間に関係を築くことなのだろう。そのような場所への働きかけや関わりが積み重なる風景は非常に魅力的である。場所に日々手を入れ、変化を起こし、より多様な人々の参加を促し共有される価値を高めることを意識的に行うこと。それが、プレイスメイキングだと考えている。屋外公共空間に限らず、オフィスや商業施設、集合住宅の共有空間であっても同じようにプレイスメイキングの考え方を応用して、場所と人とのつながりをデザインすることができる。それではどのようにプレイスメイキングの考え方が展開可能なのだろうか？　本論では、公園の計画設計段階での取り組み、施工後の取り組み、民有地や官民連携の屋外公共空間における取り組みなどに分けて紐解いてゆきたい。プレイスメイキングは都市に生活する人々の活動を戦略的に振り付けるような意識である。意識的に場所と人の関係性をつくることで一体何が起こせるのだろうか。個別の取り組みにおいてプレイスメイキングが起こした化学反応を想像しながら読んで頂きたい。

市民がつくり続ける公園

富山県氷見市は人口46,000人の富山湾に面した地方都市である。この氷見市の旧市街を見下ろす新朝日山公園では、社会資本総合整備計画として13億円をかけて公園の整備を行う予定の中、9億円分の整備が終わった時点で市長が方向性を転換し、7haの公園計画プロセスを市民と共に進める取り組みが始まった。プロジェクトが開始された2014年から、「使うこと、考えること、つくること」をモットーに市民自らが公園の完成までのプロセスに関わる公園づくりがはじまる。ここで目指していた公園像とは、日常生活の公園に対するニーズとマッチした独創的な公園を創出するために、住民自ら自分たちで企画やイベントを公園で実施し、それに興味をもった住民が参加して持続的に楽しめる公園をつくるためのベースづくりでもあった。具体的な取り組みとしては、３つのテーマに基づき市民ワークショップを開催し、基本構想案を取りまとめ、その間に新朝日山公園の未来を検討する活動母体である「フレンズ・オブ・朝日山」がつくられた。

公園のワークショップでは関わる専門家の強みも活かして「ランドスケープ」「地域史」「コミュニティ」の３つのテーマで２０１４～１６年度の間に22回開催された。ランドスケープでは、未来の公園の具体的な利活用などについて実際に敷地を使って様々なアクティビティを体感しながら考えるワークショップ。地域史では朝日山公園周辺の町や港、各時代の遺跡を巡るフィールドワーク、氷見市史の読み解きなどを通して歴史・文化の視点から公園のあり方を考えた。コミュニティでは、ランドスケープ・地域史で得られたアイデアや意見をもとに公園や施設のデザイン、または公園のマネジメントについて考えるという仕組みとなっている。粗くではあるが、公園が部分的に整備されていたこと、隣接地が氷見高校だったこともあり公園の現場を活かしたワークショップを開催できたことも強みとなった。未整備の原っぱのような芝生のフィールドに光の灯籠で文字を描いてみたり、整備予定の施設のボリュームをコスモスのリングで表現し、秋には満開のコスモスの中で野点を楽しんだり、高校で公園に関する授業を行なったことがきっかけで高校の文化祭で公園の展示も行われた。この小さなまちで展開されたプレイスメイキングはワークショップという形を柔軟に活かして、地域の人が参加し、お互いが学び合う場所のように変化していった。

次にフレンズ・オブ・朝日山についてふれたい。フレンズには、市民がつくる公園を実現するためにも、公園を愛してやまない、公園をつくり育てる市民の輪という意味を込めている。ワークショップのリピーターの多くがフレンズの中核となって、議論や公園での活動を推進する力に変わっていった。公園に関わり始めた当初は、行政に対する要望や文句ばかり述べていた市民が、ある一定期間場所と時間を共に考える中で、今度は計画者や管理者の視点から発言をするようになった。これは非常に面白いことで、目に見えないところで公園を毎日使う人、掃除をする人、新しい企画を持ち込む人などが出てきた。一番面白かったのは、公園を愛してやまない市の担当者が真冬にキャンプをして動画配信し、色々な才能をもつ市民をその気にさせて、公園で市民発のイベントが多く展開されるようになった。

公園の整備も段階的に進んだ。2016年春には屋上がテラスになっている屋外トイレが完成し、2017年には待望の拠点施設（朝日山公園休憩施設）が完成した。拠点施設は約114㎡平屋建てで、多目的に使えるように家具類や水回りが整備されており、屋外には富山湾越しに立山連峰が望める小さな芝生広場を併設している。拠点施設は市で直轄管理しているが、施設の位置付けとして公園を「使うこと」「考えること」「つくること」が明記してあり、人と公園をつなぐ施設として機能しはじめている。2020年に朝日山公園整備は一旦完了する予定である。

社会実験から公園再整備へ

神戸市の三宮都心部に立地する東遊園地（写真1）は１８６８年に外国人のための西洋式運動場として整備された約２・７haの都市公園である。国が所有し、神戸市が管理する東遊園地は都心部のオープンスペースであるのにも関わらず、土のグランドや各時代に設置された彫刻群やモニュメント、樹林地や地下駐車場入り口などの構造物などが乱立し、多くの市民の利活用に供するような場所ではなかった。一年に数度開催されるみなとまつりや阪神・淡路大震災の追悼行事などを除くと、日常的には利用者も少ない東遊園地であったが、「市民のアウトドアリビングとして公園を活かせば都心の魅力を高めることにもつながるのではないか」という数人の市民のアイデアのもと２０１５年に始まったのが東遊園地における社会実験「URBAN PICNIC（アーバンピクニック）」（写真2）である。日本中で使われていない公園は多く存在するが、既に開園している公園を起点にまちの魅力と高めることを目指して展開された4年間の社会実験のプロセスの一部を紹介する。

社会実験URBAN PICNICが始まった２０１５年には、市民の有志による実行委員会と趣旨に賛同した神戸市が主体となり初夏と秋の2回社会実験が開催された。この社会実験ではアウトドアライブラリーとカフェ、１２０㎡の小さな芝生中心とする空間が暫定的に設えられた。実験期間中は小さな芝生の空間を中心に市民が集まり交流が行われた。アウトドアライブラリーの本は市民が大切な一冊をメッセージと共に寄贈し、本を媒介にしたコミュニケーションが派生したこと、またカフェにはスタッフが常駐しパークコミュニケーターとして大きな役割を果たした。このような2週間の小さな社会実験は公園がもつ可能

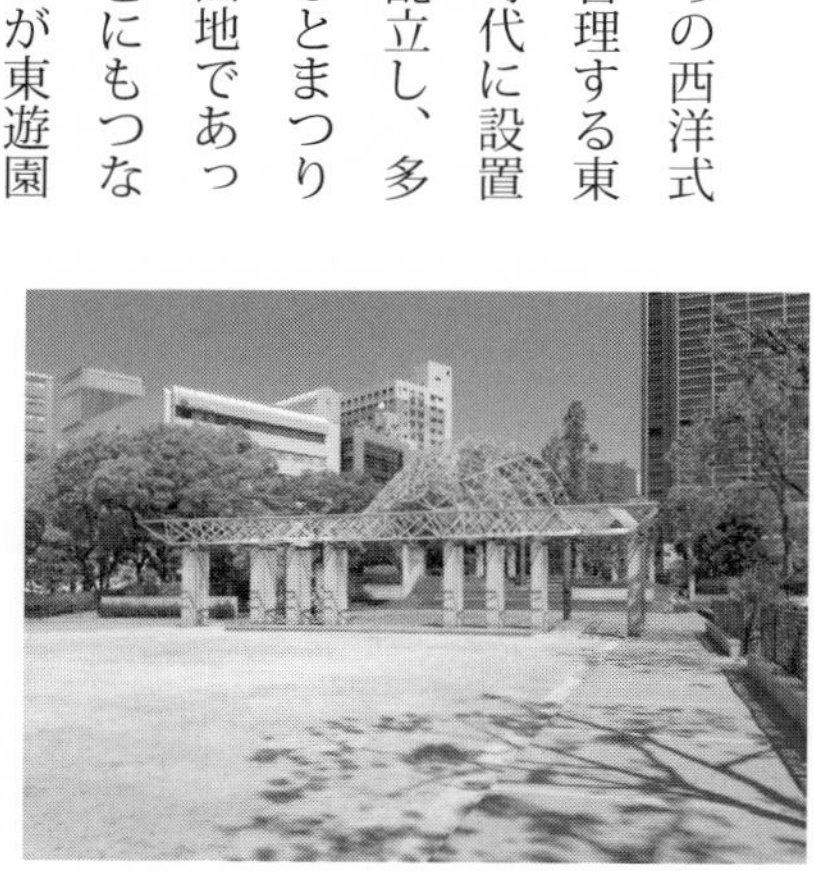
写真1　社会実験前の東遊園地

性を感じる大きなきっかけとなった。

社会実験2年目の2016年には、神戸市役所も土のグラウンドの全面芝生化実験を開始する。2600㎡の芝生地では数種類の芝生を植え分けて生育状態や踏圧による影響が検証された。社会実験URBAN PICNICにおいては6月中旬から11月上旬までの約4ヶ月にわたって開催され、神戸市の芝生化実験と相乗効果が生まれ多くの活動が展開された。社会実験を構成する設えとしては、パークキッチン（飲食を提供）、利用者の多様な滞留をうながす家具類、日よけとして機能するシェード、1年目から継続したアウトドアライブラリーなどが大きな芝生に向かって設えられた。加えて、通りすがりに気軽に公園を使えるように卓球台やハンモックなども設えられた。

プログラムとしては、社会実験の主催者が企画する自主プログラム（芝生の演奏会、絵本の夕べ、ワインピクニックなど）が11種、32回程度開催され神戸都心部に相応しいプログラムの形が模索された。同時に、特筆すべきは公募プログラムである。市民の誰もがウェブサイトを通じて自分が公園で展開したいプログラムを応募できる仕組みだ。「パークヨガ」や「DIY」「アート教室「など公募プログラムは16主体により34回実施された。

写真2　URBAN PICNIC の風景

社会実験は一般社団法人リバブルシティ イニシアティブを中心に推進され、東遊園地パークマネジメント協議会には公園周辺の2つのまちづくり協議会が参加し意見情報交換を行った。行政側も公園課だけでなく、まちづくりなど複数の部署が参加した。企画運営に関しては広報など各種専門家や学生がボランティアとして参加し、社会実験を支える中心となった。

社会実験3年目の2017年には、公園内の大芝生と仮設パビリオンの間に距離がある配置が試され、実験期間・プログラムともに2016年度と同様の展開がされた。3年目から新たにはじまったプログラムとしては「フレンズ」がある。これはURBAN PICNICにより主体的に関わる市民の組織化を企画したもので、本の寄贈、公園を育てるプログラムへの参加、学生が中心になって運営するガイドツアーへの参加、東遊園地検定への合格の4点をクリアした市民27名がフレンズに認定された。育てるプログラムとは公園の運営側にまわる市民を増やすために企画されたもので、公園プログラムの運営補助、舗装面に描かれたチョーク消し、実験で使う家具の塗装や机づくりなど実験期間中に76回実施された。

社会実験4年目の2018年は金・土・日に限定してプログラムの構成などは継続され、設えとしては大芝生と近接した位置にパビリオンの設置、デッキやテーブルなどの滞留空間と夏季の暑熱緩和および雨よけの機能をもつシェードなどが設置された。

以上のように、4年の社会実験期間を経て、東遊園地における社会実験URBAN PICNICは市民、行政、運営者の全てにとって「オープンスペースを育てる」体験を共有する場所となった。この社会実験を一言で表すと「主体形成の場づくり」といえるだろう。2019年度には東遊園地再整備やにぎわい拠点施設運営事業のプロポーザルが実施され、社会実験は次の段階へと進むことになる。東遊園地の社会実験展開プロセスは、公園という設えと場所を育む市民により醸成されてきた。既存の公園における社会実験展開プロセスやその最終的な形は今後も継続的な実践と議論が期待される。

民有地で展開するプレイスメイキング

屋外公共空間のマネジメントも日々進化している。ここでは民間企業が展開するプレイスメイキングについて紹介する。公園のマネジメントでは通常閉じた公園の中を円滑にマネジメントする方向の発想をしがちであるが、ほとんどの公園の周辺はまちとつながっており、まちの中の公園を起点にアクションを起こすにはまちのマネジメントとの相乗効果など広い視点も必要になるであろう。

東京都港区のコートヤードＨＩＲＯＯは１９６８年に建てられた旧厚生省公務員宿舎跡のフルリノベーションである。建物と駐車場合わせて約１１００㎡の敷地が暮らす、働く、活動する、多様な目的を持った人々が心地よく交わるコートヤードとして住宅、レストラン、ヨガを中心としたアウトドア・フィットネス空間として２０１４年に再生された。コートヤードＨＩＲＯＯでは、小さいオープンスペースを中心に、自然を感じながら時間を過ごす都市のライフスタイルが形成されてきている。コートヤードＨＩＲＯＯは民有地だが、オープン当初から５年間かけてプレイスメイキングを展開してきた。代表的なプレイスメイキングとしては月に一度コートヤードＨＩＲＯＯの運営主体が中心となって企画される「First Friday」である。ここでは、毎月第一金曜日に食、アート、健康・スポーツなど季節やテーマに合わせて場所がパブリックに開かれる。過去５年間にわたって54回以上開催され、年間約２万人が訪れる（写真３、４）。このように民有地は公園のように常に開いているわけではないが、「半分開く」というオープンスペースの形は、オフィスや病院など他の建築空間の中でも応用可能だと考えている。例えば使われていないビルの屋上や公開空地、グランドレベルの空間をオープンスペースとして再整備し、オフィス空間の共有部分を充実させて人の滞留や交流を促し、関係性をつくることが新しいビジネスや共創につながる可能性は否定できない。コートヤードＨＩＲＯＯでは、５年経過した現在「より日常を豊かに」をコンセプトに子供向けの「夏の自由研究所」など新たなプレイスメイキングの取り組みを始まっている。

写真３　春のFirst Friday

写真４　夏のFirst Friday

それでは、敷地スケールの点の取り組みをどのようにしてまちの力に変えることができるだろうか？　米国デトロイトのDowntown Detroit Partnershipは、デトロイト都心部の高速道路と川に囲まれた１４０ブロック、約２・８㎢を対象にしたエリアを設定しBusiness Improvement Zone（ビジネス改善ゾーン）マネジメントを行っている。Downtown Detroit Partnershipは参加５００社から集めた年間約4億円の会費収入の一部をオープンスペースの戦略的マネジメントに活用している。特にエリア内の公園や広場を中心とした5つのオープンスペースのマネジメントとプレイスメイキングを展開することで、場所を通してエリアの価値を高めるブランディングが行われている。例えば、デトロイト都心部の中心に立地するCampus Matius Parkでは地元メディアが協賛した音楽のイベント、新聞社が協賛する夏の公園映画祭、飲料メーカーのAbsopureと家具メーカーのＩＫＥＡが協賛するBeach Party（砂場とカラフルな家具類とコンテナ製の仮設店舗群）など民間企業による協賛イベントが展開されている（写真５）。一方、隣接する広場Cadillac Squareでは、地元のテレビ局が協賛するStreet Eats（ランチタイムに地元の食やスタートアップのシェフのフードトラックを提供）や、Quicken Loans（地元の住宅金融会社）が提供するスポーツゾーン（半面のバスケットボールコートが４面、ビーチバレーコート１面と滞留空間）が展開され、実にデトロイトらしい雰囲気の場所がつくりだされている（写真６）。このように、エリアマネジメント組織やまちづくりの中で展開するプレイスメイキングも大きな可能性をもっている。民間活力によるオープンスペースのマネジメントから公園のマネジメントが学ぶべき点も多くあるだろう。同時に公園や屋外公共空間を起点としたマネジメントやプレイスメイキングを考えるとき、公園だけではなく周辺のまちのマネジメントまで見越して戦略を立てる一つの手法をデトロイトの取り組みは示唆している。

組織の仕組みに関してはDowntown Detroit Partnershipの下にDowntown Detroit Parksという公園等のマネジメント組

写真５　Beach Party の風景

写真６　スポーツゾーンの取り組み

織が存在する。最初から完璧なマネジメント組織が最初から存在したわけではなく、１９９９年にデトロイトが財政破綻した後に立ち上がった有力な土地所有者や企業、ビジネスリーダー、住民代表や行政の公園・都市開発系のメンバーによるタスクフォースが、Detroit 300 ConservancyというＮＰＯが２００４年の公園開園から５年間、２００９年までのオープンスペースのマネジメント、プログラムとオペレーションを担当してきた。のちにDowntown Detroit ParksとしてDowntown Detroit Partnershipの傘下に入ることになる。このエリアは年間２００万人の来訪者を迎え、その先進的な取り組みは２０１０年のＵＬＩアマンダ・バーデン公共空間賞など高く評価されている。

官民連携で計画設計段階から考えるプレイスメイキング

ここまで地方都市の公園、施工後の公園、民有地やまちのエリアで展開するプレイスメイキングについて紹介してきたが、最後に官民連携で計画設計段階から考えるプレイスメイキングとして、町田市と東急が展開する官民連携による都市公園、商業施設等の一体的再整備プロジェクト南町田グランベリーパークについて紹介する。南町田は都心通勤圏の郊外住宅地で１９７０年代に土地区画整理事業により市街地再整備が行われ、駅からの徒歩圏に商業施設、公園、河川、住宅地などが立地する。１９７９年に開園後約40年が経過した都市公園と、２０００年に開園し17年間商業施設として開業したグランベリーモールは道路に分断された空間であったが、２０１５年に南町田周辺地区拠点整備基本方針が策定され、地区内補助幹線道路の再配置により、公園と商業施設を一体的に再整備する枠組みがつくられた。南町田グランベリーパークでは、公園など屋外公共空間を核に都市の再編集・再整備「すべてが公園のようなまち」を実現するために官民連携による計画設計段階からの取り組みが進められた。

南町田グランベリーパークは大きく都市公園（運動公園）である鶴間公園、商業施設であるグランベリーパークと美術館を中心としたパークライフサイトの３つの敷地、合わせて約13haの総称である。鶴間公園では「多摩の自然を取り込む（自然）」「誰もが健康になる（アクティブデザイン）」「パークライフの再発見（生

図1　公園から商業施設をのぞむ

図2　パークライフサイト全景

活)」の3つをコンセプトに、グランベリーパーク(商業施設)では「都市の中で自然と出会う公園のようなモール」として、公園のようなまちのコンセプトがつくられた。

大きな空間の設えの特徴としては、駅から商業施設内の7つの広場、美術館前の広場と公園など屋外空間が連結した回遊構造を持っている。鶴間公園では、既存の樹林に囲まれた芝生広場が拡張され、樹林やテラスに囲繞された大芝生広場として再生した「さわやか広場」、鬱蒼とした既存の樹林を編集し、森の遊び場やトレイルをもつ「樹林エリア」へ、周囲にトイレ・滞留空間やランニングトラックを配した「多目的広場エリア」、数種類の遊び場、新設のスポーツエリアではトラックや公設民営によるカフェ・管理施設・スタジオなどが整備され、既存の公園が持つ特徴や良さを活かした上で多世代の多様な利用に供する「新しい運動公園のかたち」が模索されている。

グランベリーパークでは、7つの広場がつながり合いながら、まるで公園のような商業施設の風景をつくりだすように計画設計が進められた。商業施設と公園がつながるパークライフの世界観をもつ公園のような商業施設として時間に対応して空間が変化し、多様な人々が混じり合うような「設え」と「利活用」が一体的に計画設計されているのが特徴である。鶴間公園、グランベリーパークと正面からつながるパークライフサイトではスヌーピー美術館を核に、民設民営で公益性・公共性を最大限に高めるために町田市のこどもクラブ寄

写真7　グランベリーパーク内の広場

贈図書によるまちライブラリーが整備された。

プレイスメイキングという文脈では、計画設計段階からまちの将来像をつくるのに欠かせない組織体制もつくられた。町田市都市政策課を中心に公園整備課、公園管理課、地区街づくり課、スポーツ振興課、営繕課など多領域にわたる行政担当者、東急、スヌーピー美術館関係者などが、まちの整備のみならず開園後の利活用やマネジメントを見越して議論や意見交換を継続し、ランドスケープアーキテクトが横断的に関わることでマネジメントや利活用と空間の設えの関係性が強く意識されながら計画設計が進められた。特に公園の計画設計期間中には計5回の市民ワークショップが開催され、みどり・光・健康づくり・木育・コミュニティなど各テーマに応じた「現場体験」、「レクチャー」「デザインレビュー」「意見交換」などを複数組み合わせたワークショップの実施、その内容の骨子は計画条件などに反映され、合意形成だけでなく、主体形成を意識した展開が進められた。

公園の実施設計および工事中の間には、市民が公園で実現したい活動やプログラムを半年かけて準備する「公園のがっこう」や「まちのがっこう」が開催された。２０１９年の11月にはまちびらき直前に鶴間公園で「南町田グランベリーパークまちのがっこう祭」が開催され、約4年間の計画設計・工事期間中に生まれた公園を育てる市民、公園に愛着をもつ人々が数千人集まる1日となった。南町田グランベリーパークは11月13日にまちびらきを迎え

写真8　鶴間公園内のトラック

た。公園、グランベリーパーク、パークライフサイトの3つのエリアで日々行われるマネジメントと、計画設計期間中に高まったプレイスメイキングの取り組みが今後どのような展開を見せるのか、期待が集まっている。

都市に変化を起こすプレイスメイキング

以上のように、本稿では地方都市の公園、施工後の公園、民有地や街のエリア、官民連携の一体的再整備などオープンスペースを中心に場所を中心に人々がつながることを軸にした意識・プロセスを展開されるための試みについて書いた。これからの都市・地域を考えるとき、プレイスメイキングにより変化を起こすためには何が必要なのだろうか。

一つ目のポイントとしては、計画・設計・工事・管理運営の段階でどのような形でプレイスメイキングを展開できるかであろう。二つ目のポイントとしては、官民連携や公園と民有地の一体的な再生・再編集など、成熟都市に相応しい、オープンスペースをまちの資源から資産に変えるための構想力だろう。オープンスペースを起点にまちに変化を起こす戦略を持てればなお良い。三つ目のポイントとしては、色々な意味での主体形成であろう。オープンスペースを、私たちの場所として愛着をもって育てる意識を、場所を通じて育むためのプロセスや仕組みが必要になる。パークマネジメントの世界に埋め込まれたこのような可能性は、プレイスメイキングという意識やプロセスを働かせることどのような化学反応を起こせるのだろうか。自分たちが働き、学び、暮らす場所にあるオープンスペースが再び輝き出す、そんな風景を想像しながら本稿を閉じたい。

3/2

新たな社会システムとライフスタイルの創造

池邊このみ

維持管理からマネジメントへ

本節では、「ランドスケープマネジメント」を「公園の運用管理」というような競狭義の意味ではなく、広義にして論じ、対象とする空間も公園内だけではなく、公園の立地する地域であることを前提とする。本書を手にした方々の中には、ランドスケープというと、自然、中でも緑、花を対象とした分野であるという誤解をしていないだろうか？ と問いかけたい。確かに、土・水を含む広義のみどりや花はランドスケープの主流ではあるが、業務対象としては、戸建て、集合住宅を含む絵住宅施設はもちろんのこと、動物園や水族館なども含まれているし、最近では大型商業施設や遊園地、幼稚園や保育園、福祉施設、多様な複合公益施設の建築物周りなどや遊具、ストリートファニチャー、サインなどのデザインも対象とする幅広い分野であり、土木・建築、・デザイン・アート出身の専門家も多く、逆に植物以外の生物を例えば鳥とか、魚とか、トンボとかを大学まで専攻していたというような理学部出身者や美術や文学、経済学と多様な分野を専攻してきた人材も活躍している。また、最近では歴史的町並や世界遺産や文化財など、民俗学等、文化的な観点からのアプローチする人も多くなり、多様性という意味ではピカイチかもしれない。

本書では、多くの著者がランドスケープマネジメントという言葉をつかっているが、共著のため、その概念は、あいまいである。「マネジメント」という用語には、日本では不幸にも、長らく「維持管理」という訳語が適用され、そこに経営的視野が入ってきたのは、平成時代に近くなってからのことである。最近では、経営運営的側面が強くなってきているが、そもそも「マネジメント」には、効率や適材適所的意味合いもはいっており、いわゆる「ミッション」に対して、「マネジメント」が存在するのが普通であるが、この「ミッション」が、長らくは植物に対する適正管理と維持管理費の削減が主流であった。なぜなら、公園が、業務対象の主流で、それは公共施設と呼ばれる、税金から支出されるお金で整備・管理されてきたからである。私は、公園がずっと「商品」として扱われてこなかったことが、今日の公園における多様な問題を生じてきた要因の主なものであるととらえている。公園が商品であるというだけでも、この分野の大学教員としてあるまじき行為ととる人もいるであろう。確かに明治六年の太政官布達によって指定された上野や飛鳥山などの公園は、庶民にとっての物見遊山の場であり、欧州において、貴族の館と庭園が公園や都市林にとってかわった歴史と共通したものがある、そして、戦後や関東大震災後には、市民生活の権利の象徴として復興公園が各地に存在し、行き場のなかった子供たちにとっての保護された遊び場となり、まさに公共の福祉として寄与した。さらに高度成長期になると、爆発する都市部の人口の受け入れ場として、多くの計画的住宅地が造成され、そこには、一方で子供の遊び場として、他方には開発して失われた緑地の代償として「公園」は夏祭りの場やスポーツ大会の場としても機能し、欧米のように教会前の広場もなければ既存の市街地のように社寺境内地もない団地や郊外の計画的な住宅地においては、大きな役割を果たしてきた。しかしながら、多くの公園は、マニュアルなどに基づいて設置され、全国各地でおなじように方形で類似した樹種構成のものとなった。そこには競争力もはたらかず、子供の遊びに供する場であるということを示す、三種の神器、ブランコ、滑り台、砂場が設置されて今に至っている。前述した「商品」というものは価格とそれを購入する層が明確になっており、需要を想定した施設やしつらえがあり、その時代のユーザーの求める空間となることが求められてしかるべきである。当然、マーケットを想定しなければならないので、ターゲットを決めて、そこにヒットする商品のデザインをすることが求められる。さらにもう一つ商品として存在するためには、性能を一定期間維持するというミッションも生じる。ところが、我々の相手にする植物や土壌などは、生きているものであり、成長もすれば、病気にもかかり、高齢化して機能が衰えることもある。我が国では、多くの公園が整備の当初には、設置する国や地方自治体も、検討をかさね、その上で設計者に発注され、施工されてきた。そこには、競争原理は働かない。しかしながら、いわゆるターゲットと需要者の齟齬という点は、日本が高齢化社会にはいったとされた時期から変化が生じてききた。無論その背景にはバリアフリーやユニバーサルという時代の要請もあった。利用者としての子供のいない地域では、郊外では高齢者の行うスポーツとしてのゲートボール場やパークゴルフ場へと変化したり、都心部の空間の狭い公園には高齢者用の健康遊具がおかれたりした場所もあるが、あまり評価がされてこなかった。

ここで少し私がこのなぜ、「マネジメント」にこだわるのかの理由を話しておきたい。

住宅地のみどりや快適で楽しいコミュニティの生活は不動産構成要素

１９８０年代の初め、造園学を志す大学院の学生であった筆者は、米国の西海岸で住宅地管理を学ぶ機会を得ていた。当初は筆者もその研修費をだしてくれた企業も緑地の維持管理を学ぶという目的で派遣された。しかし、そこで目にしたものは、住宅地という資産を住民という利用者を含めて丸ごと、今でいう持続的管理をしつつ、都市としての価値に転化させ、当初の住宅地以上の不動産価値のあるものとして投資対象にもしていくというものであった。つまり、公園の樹木や遊具はもちろんのこと、活力があり、快適なコミュニティも、その資産構成要素であり、それを維持し、高めていくためのマネージャーやそれを支えるチーム組織が存在した。コミュニティの多様な世代の需要を満たすウェルカムパーティーに始まる各種のコミュニティイベントや日本でいうところのカルチャー施設を企画運用するスタッフ、また、コミュニティで発生する多様なトラブルを公平に裁き未然に防ぐ、マネジメントカンパニーや保険会社が介在していた。みどりにおいては、公園はもとより、個人の住宅の庭も多様な施設の外構植栽は、すべて資産としてあつかわれていた、それも高額商品である住宅やオフィスビルという不動産の資産価値の一部を構成する重要な要素としてである。

今日では、日本でも多くのマンション居住者が共益費や大規模修繕積立費を支払っているが共益費に植栽の剪定などの維持管理は入っているものの、大規模修繕積立費に植栽の費用が含まれている事例は数少ない。ところが西海岸では１９７０年代に戸建て住宅のフロントヤードは個人の植栽の義務と責任が課せられ、植栽をせずに放置したり、駐車場のみに使用してしまったりすると、罰金や強制立ち退きまでの厳しい罰則規定があった。フロントヤードは西海岸の戸建て住宅の一つのブランド商品であり、その維持管理を怠るものは、他の居住者の資産価値を著しく損ねるものであるので、その住宅に住む権利がないという理由である。電球などと同じように、植栽を維持するためのスプリンクラーやベンチはもとより、樹木にも耐用年数が設けられ、数十年に一度の更新のための費用が日々の共益費にもりこまれている。また、驚くことにそれらは住宅地管理専門の会計士によって、米国に流通する費用算定マニュアルにもとづき算定され、費用の積立の状況や支出の状況は、ユーザーとしての住民にも公開されていた。昨今では、ＰａｒｋｰＰＦＩの位置づけの中でパークマスターというべき、公園の経営のリーダーシップをとる人材にも注目されるようになったが、70年代末の米国ではすでに、ウェルカムパーティにはじまる居住者サービスを含む住宅地管理業務を担うマネージャーが存在し、その人材の経営手腕が、住宅地の不動産価値やそのコミュニティの質の確保や持続性を左右していて、経営手腕の高いマネージャーを高いコストで住宅地をたてるデベロッパーが競いあって雇用することも生じていた。

さてこのあたりで、民活というところに触れてみよう。２０１８年度に導入されたＰａｒｋｰＰＦＩ制度により、公園ではいわゆる民活に大きく踏み出した。この二年ほどの間に新しく生み出された企画提案や従来の公園にはなかった新しく美しい施設、有機野菜などを使ったおしゃれなレストランやカフェ、無論、新規参入の企業数はかず知れない、そして、注目したいのは、冒頭に示した自然や緑、花に興味がなかった人々が新しい企画や施設を求めて公園という場所を認識してきたということである、もちろん、それらのいくつかは、成熟した指定管理制度により、必ずしも制度改革を伴わなくても、時代の要請によって生み出されたものとみることができる。しかしながら、以下の点で新しい地域の社会システムを生み出すことが可能になっている。一つは、今まで公園や公共の方向を見たことすらなかった企業が公園経営を通じて、地域に入ってきたこと。そして二つ目には、公園に美しいデザインされた飲食店などが入ってきたという事象の意義は大きい。いや、飲食店の導入ではなく、収益施設の導入であろうという人もいるであろうが、上野公園や日比谷公園などの事例にみるように、古くから飲食店などは、既に入っていたのである。何しろ、明治6年太政官布達によって誕生した都市公園の多くは、当時の物見遊山の場であったわけで、その当時の公園の人々の営みを考えると、飲食店がないほうが不思議である。しかしながら、従来の都市公園制度の中では、公園内に設置される飲食店や売店などは、建築面積の規制などもあり、その多くが質的に公園の価値の向上に資するものではなかった。それだけでなくトイレと同じように公園が汚い、陳腐であるという評価の一因であった時代も長かった。

民活がもたらしたもの

ここで少し公園以外の分野の話を一つ挟みたい。それは、平成を代表する一つの事象、民営化の話である。戦後の日本では、公共は税金からできているとの考えのもと、公園や公園内施設などの街角にあった公衆便所と同じレベルであり、公共イコール安普請、イコール、維持管理が行き届かなくてもしかたないという図式が市民の当たり前の意識のように成立していた、公園だけではない、図書館や公民館、市役所などの公共共益施設すべてにその図式があてはまり、例外は音楽ホールと美術館ぐらいであった。これらは、子供たちの施設も例外ではなく、公設の幼稚園や保育園、学童などの厚生施設も快適とはいいがたい施設であった。それが嫌な人間は、私立の教育施設に高額の入学金や授業料を支払って行って下さい。という時代が平成まで続いてきた。特に公園のトイレは、公共便所の少ないところでは、交通従事者などの公衆便所としての機能も果たすことを余儀なくされ、臭い汚いに加え、危ない施設として見られてきた。女の子や幼児をつれた女親が使用できるようになったのはバリアフリー対応で車いす対応が行われたり、ベビーチェアの設置などがされたりしてからである。駅のトイレや高速道路にある公衆トイレも、日本人は、国鉄だから、道路公団だから、しかたないというような意識で改善の予兆は見られなかった。
そうした中で、中曽根内閣が実施した行政改革は、日本国有鉄道をJRとして、六つの地域別の「旅客鉄道会社」などに分割し、民営化するもので、これらの会社は１９８２年に発足した。同時期に日本電信電話公社や日本専売公社を含めた三公社の民営化が自由民主党によって進められた。一方、道路関係は、２００１年に発足した第一次小泉内閣による、聖域なき構造改革の一環として同年12月に特殊法人等整理合理化計画を閣議決定し、民営化の検討に着手した。こうした流れを汲み、現在の居心地のよい待合室や、女性や子供に愛されるサービスエリアなどが生まれた。豪華なトイレと遊園地や温泉で有名な刈谷ハイウェイオアシスやブルーベリーもぎもできる公園のような平面配置の田園プラザ川場（群馬県川場村）は、両者のイメージを変え、そして今もその人気を誇っている。２０１８年秋に、積水ハウスとマリオットホテルが新しい旅のカタチを提案した。「道の駅」をハブに、地域の魅力を体感しながら自由にニッポンを渡り歩く地方創生事業「Trip Base 道の駅プロジェクト」が始動しロードサイド型ホテル２０２０年秋五府県15カ所開業を予定している。都市中心部では、いわゆるエキナカが、ＪＲ、地下鉄、私鉄と各地でしのぎあって東京２０２０を迎えてエキナカ文化ともいえる新たな賑わい空間として注目されている。そうした中で２０１８年には、都市公園法の一部改正が行われ、Ｐａｒｋ-ＰＦＩと呼ばれる制度が導入されるようになった。従来の指定管理者制度では、できなかった長期の民間企業による公園施設としての飲食店などが開設できるようになり、公園はまさに本来の民活の真っ只中にある。この改正により、民間企業が事業者として公園施設の一部を自らの資金で整備し、運営することで収益を得ることも可能になった。その結果、財源不足で行き詰っていた公園の新設やリニューアルは、指定管理者時代と大きく変化しつつある。地方自治体によっては、指定管理者時代に公共からも負担していた公園施設の維持管理費用をすべて民間に負わせるところもでてきている。また、従来の指定管理者制度の中では、企画運営のできるコンサルタントやＮＰＯと、従来型の造園関係やビルなどの施設メンテナンス会社との連合体などでの受託が多かった。しかし、飲食施設などを一から設計施工するなどのやり方においては、大きな資本力が必要になる。今、従来の公園の市場にとは縁がなかった企業や業態も続々と力を入れ始めており、一部有料区域を設置したりするような公園もでてきている。まさに公園の戦国時代の到来である。

民活へハンドルをきったいくつかの先進事例

筆者は、今までの公園の、言ってみれば民活のハードルの変革期ともいうべき事象に向き合ってきた。最初の事例は、国の名勝地でもある横浜の山下公園の無料休憩所とトイレの管理を民間に委託するというもので、数社の応募があり、その中から「子育てローソン」という事例を生み出したばかりのローソンが受託した。自販機のあるだけの不愛想な無料休憩施設と男女という印ばかりが目立つトイレの管理を店舗内にも遊戯施設をもつ「子育てローソン」に委託することで、雨天時の休憩所となるばかりでなく、見守りの効果も生じた。次には平成16年に都市公園法の一部を改正して創設された立体公園制度を用いて整備した横浜の「元町中華街駅」の4階に整備したアメリカ山公園整備事業と呼ばれるもので、駅以外のフロアのテナントとバラを中心とした庭園を管理するものであった。この事業は、立地的には先の山下公園と同じく魅力的な場所ではあるものの、当初は飲食施設を想定したこともあり、選定された事業者が辞退するなどの事態が生じ、一時暗礁にのりかけた。しかし現在では、民間の保育園と学童保育施設に加えて、レストラン婚の時代を見越した先見もあり、小さな結婚式場や立体式のバラ園がユニークな事例となっている。さらには、平成26年に昭和時代の遺産的施設であった面白《おもしろ》自転車のコーナーを飲食施設にするという事業者選定が行われ、現在では海の見える結婚式場として有名になった飲食施設が選定され、28年から開業、現在の稲毛海浜公園リニューアルの先駆けとなっている。そういう動きは、首都圏にとどまらず地方都市にも伝播してきた。まさにＰａｒｋ-ＰＦＩの先替えにもなったのが、泊まれる公園ＩＮＮ ＴＨＥ ＰＡＲＫである。今や宿泊サイト一休にも掲載される宿泊施設であるが、前身は、公園施設ではなく、市内の小学生の林間施設として教育委員会が管理していたものである。非常に立地はよいものの、施設の維持管理や小学生の林間学校としてのニーズのギャップもあり、市が所管を変えて事業者選定に踏み切った事例である。そして、初の設計施工管理を含む民間事業体の選定事例となったのが東京都豊島区の造幣局跡地公園である。新規の公園の設計・施工・管理までを一つの事業体に任せる事例として初の事例となり、また防災公園であることもあり、多くの提案が事業者からなされた。

他にも、世界でも類をみない大規模駅前公園となるウメキタ二期と呼ばれる事業者選定にも立ち会った。後半の2つの事例は、いずれも(独)都市再生機構が都市基盤としてのコーディネート業務を請け負い、その後の設計調整もおこなっている。

新たなライフスタイル創造産業への道

ボルダリングやスケートボードは、ここ数年で競技人口が世界でも急増し、オリンピック競技にもなっているが、公園や広場、最近では空きビルやマンションの空き部屋を活用した屋内施設としても増加している。しかし、空間は遊び方を人間に想像させ、楽しければ楽しいほど、参画人口が増大してくる。今や、ボルダリングは子供から高齢者までをターゲットとできるスポーツとして定着した。整備費やメンテナンス費用が高く、あまり評価されなかった健康遊具とは雲泥の差である。要は、ライフスタイルの中にうまく取り込まれなかったものは、短命であるということである。米国では、ビジネスマンのジム利用は早朝にも多いが、長距離電車通勤者の多い日本人ではジムの早朝利用者は大概がリタイアか自由業者である。また、中国での早朝の太極拳は何十年と続いているが、最近の日本では夏休みの早朝ラジオ体操でさえ減少の一途をたどっている。公園で行われる屋外ヨガはミッドタウンヨガなど、海外からの輸入であるが、屋内ヨガに比べて多くの一般市民やオフィスユーザーまで巻き込んでいることが特徴的である。公園は、今まで見てきたように時代の要請により可変性がある必要があるし、ランドスケープアーキテクトには、ライフスタイルを提案し、そのためのアクティビティを誘発する空間デザインをする力量が求められる。

筆者が出席している審議会の一つに事業評価監視委員会というものがある。各地方整備局ごとに行われ、文字通り公共事業の事業としての効果と事業費が評価対象であり、公共事業としての投資価値を問われるものの一つである。あらためて「資産」の意味を考えると、資産(asset)とは、会計学用語で、財務会計および簿記における勘定科目の区分の一つである。会計学上では、本来、会社に帰属し、貨幣を尺度とする評価が可能で、かつ将来的に会社に収益をもたらすことが期待される経済的価値のことを示すが、広義に経済主体（家計、企業、政府）に帰属する金銭・土地・家屋・証券などの、経済的価値の総称でもある。ここで重要なことは、貨幣価値に換算できてかつ将来的に収益をもたらすという部分である収益主体に帰属し、将来的に収益をもたらすことが期待される経済的価値が、「資産」といえる。社会資本として定められた一定の基準のもとに造られた公園は、収益というよりは、国民が受ける一定水準の生活水準を維持するためのものとして取り扱われ、一人当たりの公園面積が世界の都市の生活水準や、都市レベルの緑の整備水準として比較対象となっている。しかしながらそれ故、緑の面積の増加、確保がミッションとなり、質的な水準まで届いてこなかった。先ごろ、国土交通省から出された新たな時代の都市マネジメントに対応した都市公園等のあり方検討会の最終とりまとめ「新たなステージに向けた緑とオープンスペース政策の展開について」は、そこにメスをいれた画期的な提言である。

最近ではグリーンインフラが業界での中心テーマであるが、どうもハード中心で気候温暖化や生物多様性など、ＳＤＧｓの進展との関係もあり、人不在のまま、進んでいるように思える。

塩野七生は、その著、「ローマ人の物語」の中で、ローマ人は「インフラの父」とし、インフラストラクチャーという英語の語源は、ラテン語の、下部ないし基盤を意味する「インフラ」(infra) ＋構造・建造を意味する「ストゥルクトゥーラ」(structura) であるということは、国土交通省の報告書に記述されているが、ローマ人はインフラストラクチャーのことを、「モーレス・ネチェサーリエ (moles necessarie)」日本語訳では、「必要な大事業」と称し、この言葉を用いた文章の一つでは、「人間が人間らしい生活をおくるためには」という一句が含まれ、さらに「人間が人間らしい生活をおくるためには必要な大事業」と考えていたとことの記述が抜けていると述べている。ローマ人の考えていたインフラには、街道、橋、港、神殿、公会堂、広場、劇場、円形闘技場、競技場、公共浴場、水道等や、ソフトなインフラとして、安全保障、治安、税制に加え、医療、教育、郵便、通貨のシステムまでも入っていた。

ニューヨークという民間資本に強く動かされてきた巨大な都市が、「住みたくなる街へ」大きく、都市の方向転換をしたということは、象徴的なできごとである。「パブリックスペースに関する投資の時代である」としたこの戦略では、身近な都市公園の整備を計画的に推進し始め、都市農地に関しても重点分野として公園、学校などを農園の拠点としている。ハイラインの整備、ブルックリンブリッジパークの整備、１９８８年から１９９２年にかけては社会学者らの助言を得て大規模な改修を行ったブライアントパークの再生は、まさに公園や本来の機能を失ったパブリックな空間に命を吹き込み、新しい機能とそれに見合うデザインを得て、当初の予定以上の「資産価値」を生み出せることを実証した。公園は、商品として存在していなかったことにより、美しくない魅力的でない空間と化してしまった側面も大きい。しかし、時代を反映する民活によって、その資産価値を損なうことなく、持続的な価値を向上させ、立地地域の活力となることが、今必要とされている。

地域コミュニティとパークマネジメント

藤本真里

地域に愛される公園をめざして

公園は、地域の資源である。多くの人々に利用してもらってなんぼの資源といえる。公園の規模が大きければ大きいほど、公園の職員だけでいい公園にすることは、困難である。その公園を愛する多くの人々といっしょに公園を育てるような感覚が大切で、その感覚をもつことと、どうやったら愛されるか、いっしょに育てたいと思う人々を裏切らず、どうやったら長く楽しくやっていけるか、日々悩み、楽しむことがパークマネジメントである。幸いなことに公園は、そもそも愛される可能性が高く、いっしょに育てたいと思う人々は、１００％、良い人々である。長年の経験から確信している。安心して地域に出かけ、多くの人々と関わることがコーディネーターの仕事を楽しくするだろう。

街区公園でも国営公園でも、どこかの地域に存在する。公園周辺のコミュニティとの関わりは、公園のありように大きな影響を与えるだろう。周辺に住む人々がその公園の近くに住んでよかったと思ってもらえることもめざすべきである。地域のコミュニティが豊かであることは、人々の安全安心、豊かで多様な楽しみのあるくらしにつながるのではないかと考える。地域のコミュニティにアンテナを張ったパークマネジメントは、何らかの形で公園、地域双方のためになる。まずは、国立でも県立でもパークコーディネーターは、地元市町の関係部局に顔を知ってもらい、公園を利用してもらえる営業をかけるべきである。日頃からつきあって、信頼関係をつくるようなことが大切で、公園の運営を議論する協議会のような公式の場だけの関係では構築できないものである。

私は、兵庫県立有馬富士公園の運営に開園前から関わっている。住民グループが企画・実施する夢プログラムというしくみがあり、趣味や共通の目的などで集まる多くのグループが活躍している。公園では、このようなテーマ型のコミュニティ、趣味や嗜好を同じくするコミュニティが活動の現場とすることが多いようである。コミュニティには、テーマ型のコミュニティと、住んでいる場所、地縁でつながる地縁型コミュニティがある。地縁型コミュニティには、自治会やまちづくり協議会、婦人会、子供会、老人会などがあげられる。これらの地域を支えるコミュニティの多くは、高齢者が担っている。将来を構想するなら、若い人たちの参画も求められるところである。行政とのやりとり、地域の様々な課題を解決するための対応、計画や実践など、地縁型コミュニティが担う役割は大きく、今後もなくてはならない存在である。高齢者が地域でいつまでも安心して暮らせること、地域全体で子供達を見守ること、地域の資源を守り育てることなど、地域の課題は、行政だけに任せず、地域が主体となって考え、仲間をつくり、行動することで解決への道が見える。市役所や町役場などは、住民による地域づくりの重要性を踏まえて、自治会やまちづくり協議会など地域組織との協働を重視し、地域担当職員の配置、地域組織に対する地域づくりのための一括交付金給付などを行なっている。行政は、地域の担い手づくりを支援し、自立した地域組織による地域運営を期待している。

阪神・淡路大震災からの復興支援に関わったコンサル1年生たち

２０２０年で阪神・淡路大震災から25年が経つ。震災直後、様々な年代、立場、分野の人々が震災復興という目的に向かって自主的・精力的に奔走していた。１９９６年、ランドスケープ関係でも、有志の声掛けで「ランドスケープ復興支援会議（阪神グリーンネット）」が発足する。ランドスケープに関わるコンサルタントや設計事務所、造園関連の施工業界・資材メーカー、行政、大学、復興に関わる市民組織、地元住民などあらゆる立場のものが個人の資格で参画した。人と自然の博物館の中瀬館長（現在）が事務局長で、私は、事務局の一人として各種案内や活動の段取りなどをした。Eメールがなかったので、連絡方法は、大量のファックス同報だった。月2回ほどのペースで、三宮で行われた会議では、「ここに来たら木がもらえるって聞いたんですけど」「〇〇やったら用意できますよ」「芦屋、尼崎、ポートピアの仮設住宅に花を持って行こう」「4tトラック乗って行きます」「土と肥料持って行きますわ」「若いスタッフ、連れて行きます」など、様々な要求にそれぞれができることを次々と提案して物事が決まった。阪神グリーンネットは、全国から届く花苗や野菜苗を被災地に配布したり、生垣づくりなどまちの緑化に取り組んだ他、公園づくりのワークショップ勉強会なども開催した。当時、関西では住民を巻き込んだ公園づくりのワークショップはほとんど行われていなかったので、その後の公園づくりで住民を巻き込んだワークショップを実施するという大きな流れをつくることになった。ただ、神戸には、まちづくりを支援するコンサルタントの強いネットワークが存在し、すでにまちづくり協議会もあったのでワークショップという技術は、学ぶ必要があったが、住民と話し合い、実践しながらまちづくりをやるということは、当たり前のことであった。

震災の年にコンサルタント事務所に就職した者がいる。今や中堅どころである。まちづくり関係の仕事についた若い人たちにとって、最初に関わる現場から受ける影響はとても大きいだろう。そこで、当時、阪神グリーンネットに参画したコンサルタント1年生3人に話を聞いた。住民参画型の公園づくりやマネジメントに関わっている山本 哲さん、国営明石海峡公園神戸地区あいな里山公園のスタッフである高橋真理子さん、有限会社中島樹木クリニック(現在)の中島佳徳さんである。山本さんと高橋さんが所属していた神戸市内にある株式会社環境緑地設計研究所は、阪神グリーンネットの事務局など中心的役割を担った事務所のひとつで社長をはじめ多くのメンバーが参画していた。山本さんと高橋さんは、1994年から上司らの呼びかけで神戸の若手で勉強会をやっていて、自然な形で会社以外の若いスタッフともつながっており、上司の命令で阪神グリーンネットに関わったときも、他の事務所の人たちとうまくやれたそうだ。中島さんは、実家が造園会社で緑に関わる活動に関わりたかったそうだ。当時、勤めていた大阪の会社はとても忙しく、徹夜も日常茶飯事の中、神戸に出かけてくれた。実家の道具をいろいろと提供してもらった。よく4tトラックに乗ってきてくれて花苗を仮設住宅などに運んでくれた。

阪神グリーンネットの活動を通じて、山本さんは、「いろいろなコンサルタントに会うことができてコンサルタントの仕事を実際に見て聞くことができた」、高橋さんは「みんなが知恵を出し合い、ともに体をつかってみどりの現場をつくっていく楽しさを実感した」「みどりが好きな地域住民、大学関係者、行政マン、コンサルタントなど、みんなが立場を超えてフラットな関係で取り組んだ経験は、現在のコーディネーターの仕事に役立っている」と語る。立場や年代も超えたメンバーとの議論や実践は、多くの刺激やネットワークをつくり出したようだ。

山本さんが震災後最初に本格的に関わったのは、海運双子池公園のワークショップで、上司に放り込まれた現場だそうだ。この公園は、震災当時、焼けどまりになったＪＲ鷹取駅南側の大国公園からほど近く、２０００年４月、神戸の復興区画整理事業の中ではもっとも早く開園した公園である。住民とのワークショップを駆使して、多くの住民、専門家の思いが詰まった公園になった。山本さんと高橋さんは、口を揃えて、「わからないなりに勝手にやらせてもらえたのがよかった。パークマネジメントの概念など難しいことは、まあおいといて、みんなに愛される公園になればいいという感覚で課題に向かい合って悩むべき。」と語る（写真１）。

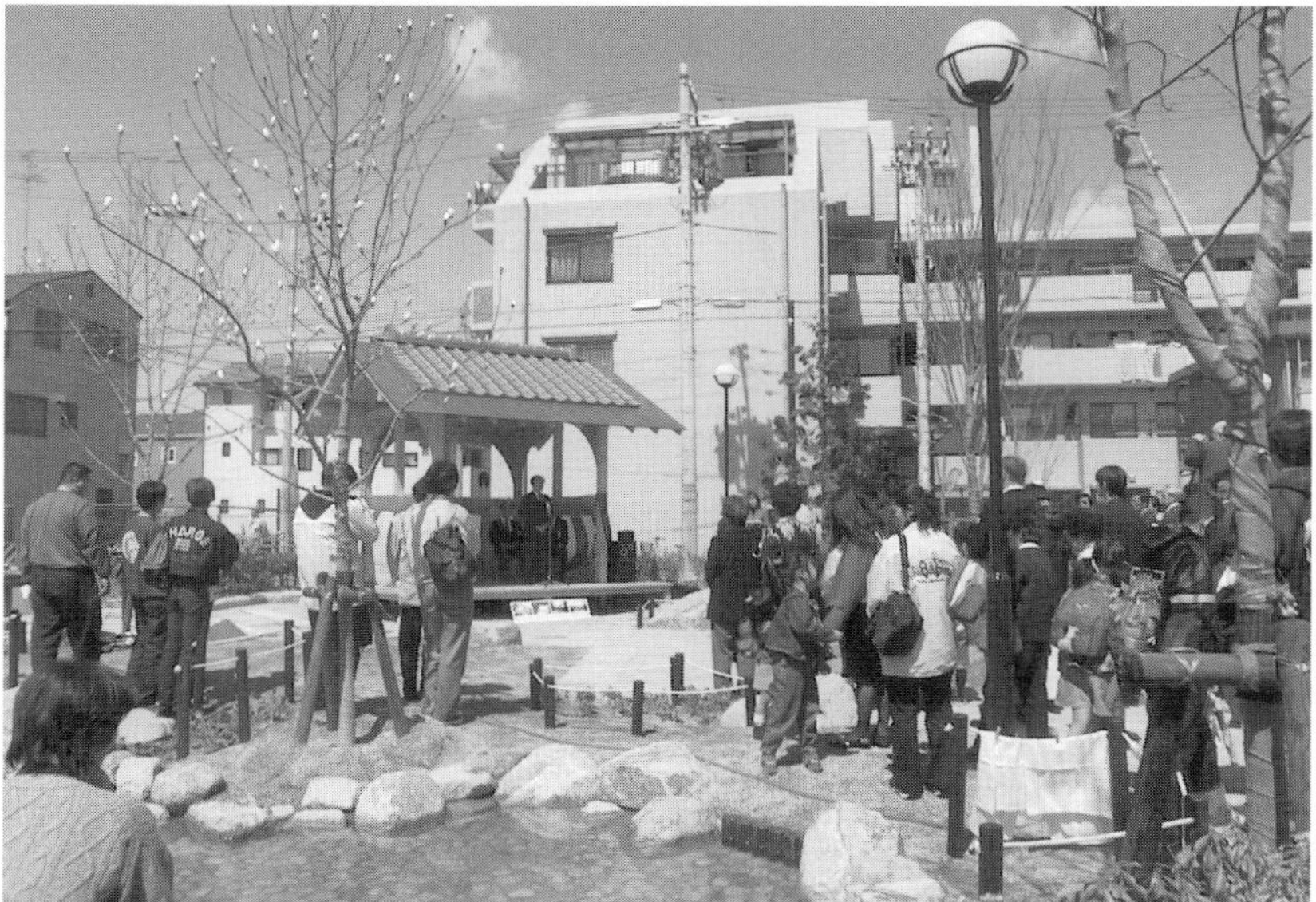

写真１　海運双子池公園の開園記念式
（写真提供：山本 哲）

高橋さんは、国営公園で里山の自然や暮らしの知恵を学ぶ体験プログラムを企画・実施しながら、地元住民や市民団体、専門家など関係者を巻き込むコーディネートを行っている。「公園は、さまざまな人々の関わりがあってこそおもしろくなる。里山を愛する人たちが公園で語ってくれるようなつなぎ役を担いたい。また里山公園は、地元が営んできた里山そのもので、地元の関わりなしには成り立たない。地域のなかに立脚した公園というスタンスを大事にしたい。」と語る（写真2）。

中島さんは、自然災害が頻発することを背景に樹木医として、樹木診断に忙しいようである。「みんなが安心して利用できる緑地空間を提供すること」に真摯に向き合っている。倒木や折損等の危険がないように、公園樹や街路樹、巨樹等の診断を行っている。環境への配慮や住民の関わり方をアドバイスする場面もあるようだ。経営者として社員ひとりひとりに定期的に話を聞いて経営改革し、PTAの役員としても東奔西走している。いつ寝ているのかと思うような働き方を続けている彼は、「仕事は、楽しい趣味でもある。やらされてる感を払拭して楽しい方向にもっていく」と語る（写真3）。

こんな3人が、震災当時、右も左もわからず、「三

写真2　上／来園者に里山公園の自然をガイダンスする高橋さん
写真3　下／国指定天然記念物「野間の大けやき」を診断する中島さん
（写真提供：有限会社中島樹木クリニック）

宮の会議は、よくわからなかった」と言いながら、震災復興というひとつの目的に向かって動いてくれた。震災は、とてつもなく悲しいできごとであったが、その直後、実にさまざまな立場の人々が「住民は何を求めているのか」という価値判断基準で、復興という一つの目的に向かう現場を経験できたことは、人づくりにつながっていたことは確かのようだ。

「みんなのやりたい」を実現させるしくみ

公園は、来園者の思いで、いろいろな過ごし方ができることが魅力のひとつだ。例えば、今まで来園者の側、ゲストであった人々がイベントを企画・実施する主体となることもできる。ホストとして自己実現を果たす充実感は、公園の管理者、イベント会社が準備するセッティングやプログラムを楽しむ以上に、快感かもしれない。イベントとなると公園の管理者側との調整が大変であるが、前例を生み、管理者側との信頼関係ができれば、どんどん活路が見出され、発展していくだろう。企画・実施するプロセスでは、関係者間のやりとりが濃厚で、そのためのトラブルもあれば、出会い・交流もあって、次の何かにつながる可能性もはらんでいる。このような場合、マネジメントする側に求められるのは、管理しなければならないという思考を捨て、どうやったら実現するか、工夫する柔軟性だ。公園のマネジメントの方針に沿うものであれば、どんどんやってもらうことで公園には、より豊かで多様な楽しみの場や多くのコミュニティとのつながりができるだろう。

兵庫県立有馬富士公園では、住民グループによる自主企画・実施イベントである「夢プログラム」が、「みんなのやりたい」を実現させるしくみである。２００1年の開園時に記念的に期間を決めて取り組み、以降、住民グループの要望もあり、公園は、日常的に「夢プログラム」を受け入れている。様々な達人技で来園者を楽しませるのである。「夢プログラム」を担うコミュニティは、多くがテーマ型コミュニティである。これらのコミュニティが地縁型コミュニティとコラボするようなことが起こると地域にも好影響と単純に想像するが、私たちのマネジメント力不足もあり、あまり起こらなかった。でも、よく聞いていると、夢プログラムのあるグループのメンバーが地域で児童委員や民生委員をやっていて、別のグループの達人技をみて、「今度、私の地域に来て欲しい」というような約束ができたりするそうだ。そのような地域の役を担っている人々が夢プログラムのグループメンバーに多いようである。公園が、地域の人的資源と言える達人技を披露する場として機能していることがわかり、多くの人々に深く関わってもらっていることの意義を再認識した。

夢プログラムを開園当初からこれまで、18年以上、ずっと続けているグループが15以上ある。夢プログラムを実施するグループは、これまで20から30グループあり、２００８年には、有志の呼びかけでＣＡＮ（クルー・ありまふじ・ネットワーク）ができている。夢プログラムを実施する人たちを同じ船に乗る人々という意味で「クルー」と呼ぶことから生まれたネットワーク名である。その中心メンバー3人のエピソードを紹介したい。ＣＡＮの代表である、さんだ天文クラブの加瀬部さんは、「公園での来園者とのコミュニケーションは、大切。夢プログラムの人たちとの出会いや親切にしてもらった経験が心に残れば，他の地域にいっても公園に人との出会いを求めることになる。いい公園が増える。」と語る。夢プログラム同士だけでなく関係機関とのネットワークを意識していたのは、自然学校の吉田さんである。自身が勤めていた会社のイベントを有馬富士公園で企画・実施した。緑の環境クラブの岩橋さんに、「これまでいろいろ運営側の不手際もありましたが、長く続けられたのはなぜですか？」と尋ねると、「自宅から至近距離にこんな里山の環境が残っているところで活動ができる公園なんて他にありません。メンバーが理解し認め合えば、運営のトラブルなんてたいしたことではありません。」と言ってくれた（写真4、5、6）。夢プログラムメンバーが、それぞれの思いで公園のホストを担ってくれていることがわかる。

兵庫県立尼崎の森中央緑地では、「みんなのやりたい」を実現させるために「森の会議」がある。ホームページには、「21世紀の森に関わる様々な活動を生み出し、お互いにつなげて、より魅力的にするために月一回開く円卓会議です。」とある。森の会議には、すでに様々な活動を

写真4　右上／さんだ天文クラブによる「太陽の観察会」（写真提供：加瀬部久司）
写真5　右下／自然学校による「棚田の稲刈り」（写真提供：遠藤修作）
写真6　左上／緑の環境クラブによる「椎茸ほだ木作り」（写真提供：遠藤修作）

している人々がいて、他の人がやっていることにも興味津々でいろいろなアイデアを出してくれる。イベントを企画したことがなくても、「やってみたい」という思いや活動の芽を、森の会議では一緒に育てていく。出席者がそれぞれの経験を持ち寄り、ここからまったく新しいプロジェクトチームが生まれていることは尼崎の特徴といえるだろう（写真7、8）。みんなが話したくなるようにコーディネートしているのは、株式会社 地域環境計画研究所で、仕事を超えて尼崎に密着したコンサルタントである。

公園全体をコーディネートする造園系コンサルタント株式会社ヘッズと連携している。パークマネジメントを担う人と地域のまちづくりを担う人が交流すれば、地域は、公園を地域の資源としてより深く活用することができ、公園は、地域の様々な人材と出会い、交流することができるようになるだろう。地域にとっても公園にとってもwin-win の成果につながる。

このような「みんなのやりたい」を実現させるしくみは、公園のある地域のコミュニティの特性、プレイヤーとなる人々の特性を考慮して工夫している。有馬富士公園の場合、巨大なニュータウンを擁する人口11万人あまりの三田市にある。子供の教育や環境に対する関心が高く、

写真7　上／お互いの顔が見えるように座るのが会議の肝
写真8　下／こたつを囲んだ会議はまるで大家族
（2点とも写真提供：森の会議）

すでに活動するグループが多く存在しており、そのようなグループが公園をフィールドに活躍してもらえるのではないかと着想して「夢プログラム」というしくみを取り入れた。尼崎の森中央緑地の場合、兵庫県が公園だけでなく周辺地域も含む「尼崎21世紀の森構想」を掲げたこともあり、尼崎というまちを愛する人々が呼応し、尼崎のまちづくりのために公園を活用したいというパワーが大きいように思う。それは、森の会議に行くとわかる。さまざまなコミュニティの状況を踏まえて、その地域にあったマネジメントをすることが寛容である。

多様な活動を認め合える公共空間

前項の「みんなのやりたい」を実現させるしくみは、これまでの経験から整理したものである。パークマネジメントは、日々進化している。阪神・淡路大震災をきっかけに、公園の計画づくりに「ワークショップ」が導入されはじめ、現在では、当たり前のように住民が参画するワークショップが行われている。有馬富士公園で「夢プログラム」が始まった頃、企画・実施すべて住民グループがやるというのは珍しく、「夢プログラム」を通じて、公園を自分の公園のように思ってくれる住民が、「公園のことを他の人にも知らせたい」「公園で活動するのが楽しい」「公園が大好き」というような声に、兵庫県の担当者が感動していたことが印象的だった。現在、公園の指定管理者には、公園の運営に住民が参加することが求められることが多くなっている。めざすべきパークマネジメントは、住民参加をめざす段階から次の段階にはいっているように思われる。最近は、公共空間を如何に使いこなすかということに注目が集まり、個人が自由な発想でルールを守りながら公共空間を活用するという流れに勢いがあり、楽しそうである。都市公園法が改正され、Ｐａｒｋ-ＰＦＩで公園にできたカフェがにぎわっている。企業を巻き込んだ公園の活用が進んでいる。もはや、「みんながやりたい」を実現させるしくみを苦労してつくらなくても、住民や企業に任せれば、自然発生するような時代に入っている。

公園は、人々が自由に利用できるので、苦情が多いことも特徴である。特にアクセスが便利で利用者の多い公園で顕著だ。明らかなルール違反の他に、「芝生の中にはいってヨガがやりたい」「芝生でヨガをやって独占するのはおかしい」「あの木を伐採してほしい」「なんで伐採したんだ」などなど、公園管理者は、間にはいって苦労する案件がびっくりするほど多い。

公園は、そのめざす方向を地域と考え、共有し、Ｐａｒｋ-ＰＦＩで参入する企業もそれに賛同して協力する、活動している人が知り合いで、管理している人とも顔見知り、というような状況になると、これまで多かった苦情が減り、さまざまな人々のさまざまな活動を許すことができ、折り合いをつけながら、共存するような空間に公園は、変化するだろう。公共空間をめぐる、このような共存は、とても大切なことで、公園は、そのような夢を実現させるモデルになるのではないかと思う。

地域の担い手づくりを応援する公園

駅から少し離れた公園にカフェを出したオーナーが、「客は、カフェが呼ぶ。環境として魅力があるので出店する価値がある。」と言っていたと聞いたことがある。さらに、2017年に、兵庫県立明石公園にオープンしたTTTは、テイクアウトショップとして、飲み物やランチなどを提供し、「明石公園へのお出かけをちょっと美味しく」と掲げている。オーナーは、地元事業者でTTTを「公園に拡散する賑わいの核」と位置付け、「カフェとは、あえて呼ばない」「公園をマネジメントしたい」としている。ゆっくり飲んだり食べたりできる場所を公園内につくりたいと、スター型のテントを設置したり、ゴザやテーブルを貸し出したりしている（写真9、10）。公園をめぐるステークホルダーは、確実に変化している。今後のPark-PFIで、行政には、にぎわいづくりだけではない、まちづくりができる事業者を選ぶことが求められる。公園は、様々な可能性を秘めている。まちづくり部局が関わって地域のために活用するべきである。

私は、前職のコンサルタント事務所に勤めて間もなく、まちづくりが何たるかもわかっていなかったころ、豊中市のまちづくり支援室が取り組む豊中駅前や岡町駅前のまちづくりの現場に関わるようになった。初めて行ったのは、1989年であった。市役所メンバー

写真9　会合やワークショップなどに活用できるテーブル席
（写真提供：TTT）

や商店街の人々に「まちづくりの主体は住民」ということを現場で見せられ、教えられ、感動した。活動に参画していた私は、当時、豊中市のまちづくり支援室長で、その後、副市長にまでなられた芦田英機さんから、現場で商業者の話や行動の意味、行政マンやコンサルタントの行動規範などの解説を受けた。その芦田さんに、有馬富士公園の夢プログラムを紹介したときに、「小さいことではあるけど、住民には、グループ内で折り合いをつけることや意思決定をすることのトレーニングになっている」と言われた。夢プログラムを実施するまでに話合いをしながら内容や役割分担を決めていくプロセスが、まちづくりにもつながる人づくりになるということだ。まちづくりで「折り合いをつけること」「仲間で意思決定をすること」はとても難しいことだが、欠かせない技術であり、トレーニングが必要な技術である。住民が主体的に取り組む公園での活動が、まちづくりの担い手づくりの一助になることは、とても意義深い。

　人づくりに配慮していない公園プログラムは、人づくりという面でとてももったいない。前項で述べた、住民が参加して公園を運営する次の段階にきているといった、その次の段階のキーワードは、「地域」であり、公園が、地域のために日々、努力する地縁コミュニティを元気にすることではないかと思う。

写真10　自由に使える貸出用のテーブルとゴザ（写真提供：ＴＴＴ）

【参考文献】

阪神大震災復興市民まちづくり支援ネットワーク（1997）阪神大震災復興市民まちづくり支援ニュースきんもくせい（創刊号1995年2月10日〜終刊号1997年8月27日）

日本造園学会阪神大震災調査特別委員会（1995）阪神大震災調査特別委員会緊急報告、ランドスケープ研究58（3）、250-262

天川佳美（1999）ガレキに花を咲かせましょう、市民まちづくりブックレットNo.4、阪神大震災復興市民まちづくり支援ネットワーク

藤本真里・中瀬 勲（1996）ランドスケープ復興支援会議の活動、ランドスケープ研究60（2）、146-147

財団法人阪神・淡路大震災記念協会（2004）緑空間のマネージメント（中瀬勲委員研究会調査報告書）、財団法人阪神・淡路大震災記念協会、46-62

藤本真里（2002）公園を支える住民とのパートナーシップ．中瀬勲・林まゆみ（編）、「みどりのコミュニティデザイン」、164-176、学芸出版社

藤本真里（2011）住民が企画運営する夢プログラム〜兵庫県立有馬富士公園、田代順孝・中瀬 勲他（編）、パークマネジメント―地域で活かされる公園づくり、学芸出版社、172-177

藤本真里（2011）都市公園における住民参画型運営に関する研究、https://ir.library.osaka-u.ac.jp/repo/ouka/all/24881/25550_論文.pdf

笹尾和宏（2019）PUBLIC HACK 私的に自由にまちを使う、学芸出版社

園田 聡（2019）プレイスメーキング：アクティビティ・ファーストの都市デザイン、学芸出版社

芦田英機（2016）豊中まちづくり物語〜行政参加と支援のまちづくり〜、有限会社豊中駅前まちづくり会社

パークコーディネーターがつなぐ公園とまちの未来

佐藤留美

公園が変わると、まちが変わる

見慣れた公園の原っぱに、100mのラグマットが出現！ 木の間には色とりどりのフラッグがはためき、青空がきらきら輝いている。ハンモックを吊るして、洒落たテーブルセットも置こう。まちで一番人気のカフェも開店。パパやママはおしゃべりに夢中、子どもたちは枝でクラフトを作ろう。ライブが始まれば、みんなご機嫌。公園の風景が一変する、そんな魔法のような時間。これは、「ぶんぶんウォーク」のピクニックタウン会場、都立武蔵国分寺公園での風景だ（図1）。

「都立武蔵国分寺公園」は、JR中央線の駅から徒歩10分。大きな原っぱと森があって、まちなかにありながら、自然の心地よさが感じられる空間だ。この公園の指定管理者の一員としてNPO birth（バース）（注1）が管理を始めてまもなく、数

【注釈】

注1 NPO法人NPO birth（バース）
都市のみどりをパートナーシップで保全・活用し、サステイナブルなまちづくりを推進するNPO法人。地域連携によるイベントや自然体験教育、保全計画策定等を行っている。

図1 国分寺のまち歩きイベント「ぶんぶんウォーク」ピクニックタウンのチラシ。写真は第1回の様子。長くつながるラグに座ると、知らない人同士でも、自然とお喋りが始まる

人の市民から「国分寺の素晴らしさをもっと知ってもらうイベントをしたい。公園も協力してくれないだろうか」と相談された。この公園の管理を始めたばかりの私たちにとって、市民からのこの申し出は大歓迎だった。さっそく実行委員会に参加をし、一緒に企画を考えることとした。このイベントは、市内の各所を「〇〇タウン」と名づけ、参加者はマップを持って、まち巡りを楽しむという設えだ。試行錯誤しながらも、市民みんなのアイデアと力を出しあって開催した第1回目は大成功。毎年秋の開催が定番となり、市民、飲食店、市役所や大学、農業者や企業など、あらゆるまちのプレーヤー達を巻き込みながら発展し、いまや国分寺にはなくてはならないイベントに成長した。メイン会場である公園は「ピクニックタウン」として、大きな原っぱを会場に、市民が担当するワークショップやヨガ、ライブステージが行われ、地元店の飲食ブースが出店する。公園側はタウン主催者として、全体の安全管理や物品の設置など、イベントが滞りなく実施されるよう、基盤を支えている。年を追うごとに来場者が増え、昨年は公園来場者だけで1万5千人を突破した。有名人が来るわけでも、派手な演出があるわけでもない。市民が自分たちの「ちょっと楽しいこと」を持ち寄ってできる等身大のイベントに、多くの人たちが魅力を感じている。

「ぶんぶんウォーク」でつながった人の輪は、その後も留まることなく広がり、たくさんのプロジェクトが生まれてきた。なにより大きい変化は、公園会場に訪れた人々が、ワークショップや出店をしている市民の姿を見て、「公園で、自分もなにかできるかもしれない」と思ってくれたことだ。その後、公園では市民からの提案イベントが次々に開催されるようになり、年々来場者数が増えている。増えているのはそれだけではない。公園に隣接する小学校は、学区内の子どもが増えすぎて、パンク寸前だという。確かに、公園の利用者満足度調査のアンケートに答える世代も、当初の60～70代から逆転し、30～40代の親子世代がトップを占めている。来園者の総数が上がり、高齢化社会にも関わらず、親子世代が多く訪れるようになったのだ。

マンションのディベロッパーは、公園の存在とイベントが購入の決め手になっていると、積極的に協賛金を提供してくれる。実際に、来園者と話していると、それを理由に引っ越してきたと話す市民が、一人や二人ではない。公園と市民とのコラボレーションが、公園を変え、まちを変えていることを、日々実感している。

公園はコミュニティを育てるインキュベーター

けれど、もし公園管理者が、市民からの申し出に対して難色を示していたらどうだろう。実際のところ、市民企画のイベントを行うには、いくつかのハードルがある。管理者の許可を得るためには、その企画が公共に資する内容かという判断を仰ぎ、安全管理上の問題をクリアし、必要書類の提出など、さまざまな手続きを経なければならない。一般市民は、公園利用はしていても、公園管理側の情報は持っていない。公園でなんらかの企画をする際に、なにができて、なにができないのか、どうすれば実現できるのか、見当がつかないだろう。一方管理者側も、個人や任意の団体に、大勢の人々が集まるような企画を任せるのは慎重にならざるを得ない。なにか不慮の事故や事件が起これば、主催者の市民側も管理側も大きな責任を負うことになるからだ。いくつものハードルに阻まれ、たいていの人たちは諦めてしまうだろう。

しかし、公園を生き生きと面白くさせるのは、一般市民の何気ないアイデアと行動力である。受け身的な公園利用を超えて、自らが積極的に企画し運営することは、とてもクリエイティブでわくわくする体験だ。さらに自分たちだけではなく、来園者も喜んでくれて、次は自分も一緒にやりたいと仲間が増える。そんなプラスのスパイラルが生まれると、公園の捉え方も変わってくる。公園は「在るもの、使うもの」から「活かすもの、使いこなすもの」となり、そのプロセスで出会った人々のつながりは、やがて地域へと滲み出していく。公園というオープンスペースが、コミュニティを醸成するインキュベーターとして機能し、地域社会を豊かにしていくのである（図2）。

それでは、このような公園づくりはどうしたら実現できるのだろう。前述の「武蔵国分寺公園」には、パークコーディネーターが配置されている。パークコーディネーターは、これからの公園運営には欠かせない人材であり、専門スタッフを置いている公園では、確実に成果を上げているのである。

公園と人、人と人、人とまちをつなぐパークコーディネーター

「公園でなにかやってみよう」と思ったときに、気軽に相談できる窓口。それがパークコーディネーターである（写真1）。パークコーディネーターは、ＮＰＯ birthが作った名称で、地域や市民との連携で公園づくりを行う専門スタッフだ。公園があることで人々の暮らしが豊かになり、夢を実現するステージとして、市民が公園を使いこなすためのサポートを行って

図2 「むさしのパークライフマガジン」は、公園のある暮らしの楽しみ方を提案するフリーペーパー。地元の編集者とともに、市民が身近なアイデアを公園に主体的に関わるアイデアを提供している（発行：西武・武蔵野パートナーズ／企画：ＮＰＯ法人ＮＰＯ birth）

いる。地域連携のイベントやセミナーの企画、ボランティア活動のマネジメント、学校の総合教育の受入れ、企業の社会貢献活動や福祉施設との連携、ステークホルダーとの協議会の運営まで、パークコーディネートの仕事は幅広い。パークコーディネーターが目指すのは、公園にさまざまなリソースを呼び込んで、公園のポテンシャルを最大限に発揮させることである。公園と人をつなぎ、人と人をつなぐことで、新しい発見、出会い、学びが生み出されていくのである。

　パークコーディネーターを配置した公園では、昨今の公園緑地を取り巻く変化に柔軟に適応していける。２０１７年に改正された「都市公園法」「都市緑地法」では、「官民連携による柔軟な公園緑地の活用」がうたわれている。指定管理者制度を導入する自治体は増えており、Ｐａｒｋ‐ＰＦＩによる公園経営も期待されている。しかし、管理者が民間に変わったからといって、すべてがうまくいくというのは幻想だ。そもそも、官民連携の「民」は、行政の代行者として公園管理を担う企業やＮＰＯだけを意味するものではない。公園を取り巻く地域には、学校、商店街、住宅があり、教育や福祉、芸術、自然保護など、さまざまな団体が活動している。地元企業や銀行、観光協会や農業協同組合など、地域経済を支える主体も重要なファクターだ。これらの「民間」の力を掘り起こし、彼らのアイデアや行動力を公園とマッチングさせることにより、地域に新たな価値が生まれるのである。

「あったらいいな」をみんなでつくる公園プロジェクト

　パークコーディネーターの存在が、公園の使い方を変え、ひいては地域の活性化につなげている事例を紹介しよう。武蔵野地域の都立公園では、「あったらいいな」をみんなでつ

写真1　パークコーディネーターは、地域や市民との連携で公園づくりを行う専門スタッフ。異なる主体をつないでさまざまな企画を実現していく（ＮＰＯ法人ＮＰＯ birth）

くる公園プロジェクトが行われている（写真2、3）。これは、公園をもっと魅力的な場所にするために、公園に「あったらいいな」とワクワクすることを、みんなで考え・つくり・楽しむためのプロジェクトである。それぞれのやってみたいテーマに賛同した市民が集まり、プロジェクトチームを立ち上げ、企画会議が開かれる。パークコーディネーターは、公園の特性やルールに照らし合わせながら、企画内容を一緒に作りあげていく。市民側のポテンシャルに応じて役割分担をするが、基本的に主催者は公園側であり、占用の許可申請や安全管理を担っている。

公園管理者が、市民との協働でイベントを企画するメリットは数え切れない。運営に必要な費用はプロジェクトチームが協賛金を集めたり、当日の物品や飲食販売の収益で賄っている。公園側もテントなどを用意したりチラシを作成するが、これらはケータリングカーの売上げの一部を充てている。なにより、参加した人たちが「公園でこんなことができるんだ！」と驚き、「自分でもやってみたい」と、新たなプロジェクトを提案してくれるのが嬉しい。市民企画が増えることで公園が身近になり、イベント当日や週末だけではなく、普段の平日も来園者が増加する。その結果、自動販売機など他の自主事業の売上げが伸び

写真2 「Picnic Heaven」
家族や友人みんなと公園で一日楽しく過ごそう！をコンセプトに、三十〜四十代のお父さん世代が企画。このイベントをきっかけに、チームメンバーによる駅前レストランも開店した（企画：KBJ）

写真3 「Sunday Park Café」
コミュニティづくりを目的に、地域のパン屋、カフェにより定期的に開催。地元野菜を使った食事を提供し、家族で楽しめるワークショップを実施。公園に居場所ができたことで、ゆるやかな人のつながりが生まれている

て、その収益をまた公園に還元することができる。地域とのつながりが深まることで、一方的な苦情要望も減り、建設的な意見やアイデアが寄せられるようになる。

公園で生まれた人と人とのつながりは、地域へ広がり、まちづくりのイベントやコミュニティビジネスの創出など、地域を活性化する事業に展開している。市民の意欲がエンジンとなって作り上げられたプロジェクトは、単に一日のみのイベントに留まらず、さまざまな波及効果を生み出しているのである。

市民の夢をカタチにするパークコーディネーター

ではパークコーディネーターは、どのように市民とともに企画をつくり上げていくのだろうか。そのプロセスについて、説明しよう。

①公園と地域のポテンシャルを調べる

パークコーディネーターにとって、公園と地域に関わる情報はすべて、公園をより良くするリソースである。そこで、公園の管理にあたり最初にやるべきことは、情報を集めることである。それぞれの公園には特性があり、それは地域の特性と相互に関係しあっている。これらの特性を把握することで、公園づくりの方向性が明確となり、地域のさまざまな力を公園に呼び込みやすくなるのである。まず公園の特性として、立地、面積、設置目的、施設の種類や場所、自然環境、利用者の属性、園内での市民活動などを、客観的に整理してみよう。一見、特徴も魅力も乏しいように思える公園でも、じっくり調べていくと、さまざまな可能性を秘めている。どうしてここに公園ができたのか、歴史を紐解くと意外な面が見えてくるかもしれない。朝と昼、夕方と夜では、来る人や利用の仕方も違うかもしれない。ベンチや遊具は、たくさんの人に使ってもらえているだろうか。花壇の花々はきれいに咲いているだろうか。どんな種類の樹木があって、どんな野鳥や昆虫が生息しているのだろう。クレームがあるとしたら、どんな原因があるのだろう。

公園の外にも目を向けてみよう。公園の周りには、どんなまちが広がっているのだろう。商店街だろうか、住宅地だろうか。学校や保育園、図書館や美術館などの施設は近くにあるだろうか。河川や雑木林、農地などの周辺環境もチェックしよう。公園へのアクセスは便利だろうか。まちづくりの活動などは行われているだろうか。

公園のスタッフだけではなく、公園利用者やボランティア、地域のステークホルダーとともに、市民目線でチェックする機会もつくりたい。公園管理者では気づかない視点が多々あって、潜在的なニーズにも気づかされるだろう。

これらの情報は、公園や地域のポテンシャルであり、公園の個性（オリジナリティ）を形づくっている。これらのポテンシャルを組み合わせ、地域のパートナーとともに、その力を引き出すことで、公園がより生き生きと輝きはじめていくのである（図3）。

②公園がパートナーを求めていることを発信する

公園を変える第一歩は、市民自身に、公園に関わることは難しいことではなく、ナチュラルで楽しいことなのだと気づいてもらうことである。そのためには、市民も公園管理者も、双方が意識を変える必要がある。一方的に苦情要望を届ける、受ける、という関係ではなく、公園について共に考え、共に実践するパートナーとし

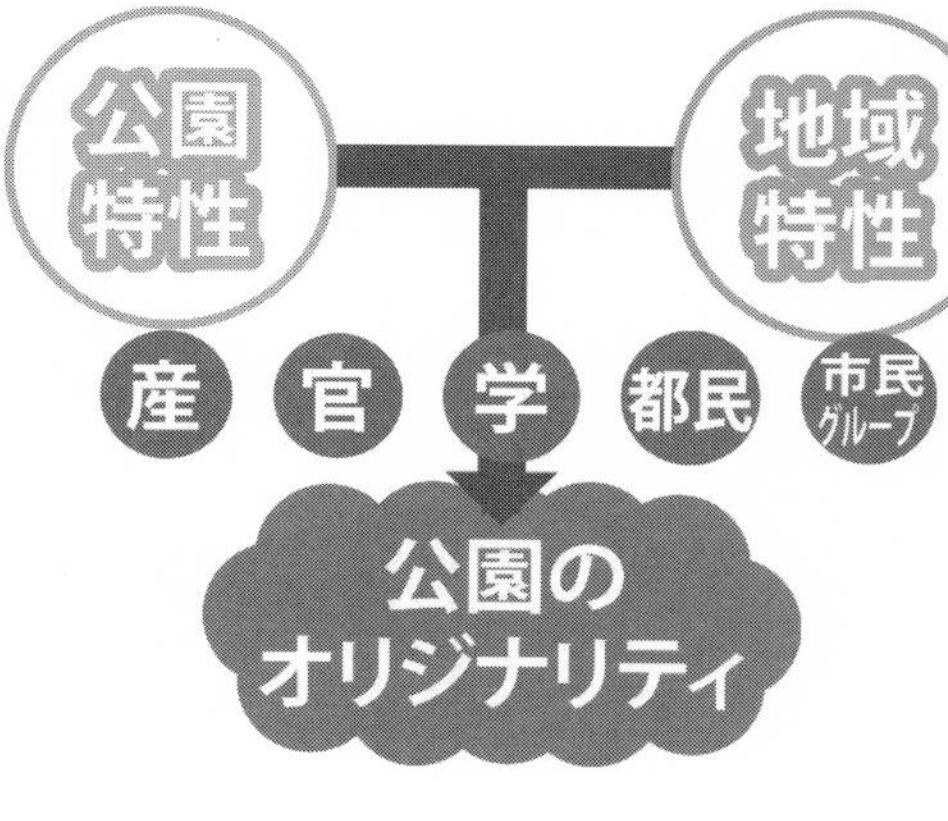

図3　公園特性と地域特性を把握し、そのポテンシャルを地域のパートナーとともに引き出すことで、公園の個性（オリジナリティ）が際立つ

てお互いを認識するのである。公園管理者は公園づくりの方向性を打ち出し、パートナーを求めていることを、内外に発信することが望まれる。パンフレットやホームページ、フリーペーパー、SNSなど、さまざまな媒体を活用して多世代に情報を届けよう（図4）。また公園の花壇や雑木林などでのボランティア体験や、市民主体のワークショップなど、市民が気軽に公園づくりに参加できる機会を作ることも効果的だ。実際の活動を通して、互いにパートナーとしての意識が生まれ、その後の連携につながるだろう。

図4　「産官学民」の連携で公園の可能性を広げ、まちづくりに貢献することをコンセプトとし、パンフレットやWebサイトに記載している（西武・武蔵野パートナーズ）

③3つのステップで市民企画を実現（図5）

パークコーディネーターは3つのステップを踏んで市民と共に企画を実現する。まず「アウトリーチ」活動として、積極的に公園外へ出ていき、ネットワークを広げていく。地域のイベントや会合で出会った人々に、公園に対する意見や期待を聞き出してみよう。驚くほどたくさんの人が、公園に関心を持っていることがわかるはずだ。「公園ってなんでも禁止かと思っていた」「もしかして、こんなこと、できるのかな?」「やりたい

図5　「パークコーディネーターは、地域のニーズを拾う「アウトリーチ」、主体同士をつなぐ「マッチング」、企画の実現へ向けて「コーディネート」の3つの段階を踏んで、地域との連携を促進している

ことがあるんだけど」。そんな声が聞こえてきたら、チャンスである。テーマを決めて、自由参加のパークミーティングを開いてみよう。テーマに共鳴した人々を「マッチング」することで、さらに人の輪が広がっていく。プロジェクトチームができたら、実現へ向けての相談にのったり、公園の使い方やルールを説明したり、関係者間の調整をするなど、パークコーディネーターは企画実現へ向けて「コーディネート」を行う。市民から生まれた意見やアイデアは、公園に撒かれる適切な種のようなもの。種を育てて芽吹かせるのが、パークコーディネーターの役割である。

パークコーディネーターが活躍するために

これからの時代は「共創」の社会と言われる。「共創」とは、多様な立場の人たちと対話しながら、新たな価値を「共」に「創」り上げていくことだ。まさに、今後のパークマネジメントの命題は、公園を地域との「共創の場」として機能させ、さまざまなパートナーとともにイノベーションを起こし、地域全体を豊かに変えていくことである。その実現のために期待されるのが、パークコーディネーターである。公園の現場では、柔軟でフットワークが軽く、コーディネートやネットワーク力に長け、企画・広報力のある人材が求められている。しかし、パークコーディネーターが携わる公園は、まだまだ少数だ。今後、その活躍の場を広げていくにはどうしたらよいだろうか。

①中間支援組織と連携する

中間支援組織とは、地域の産官学民、さまざまな主体をつなぎ、社会に資する活動を進める組織である。公園管理者にとって、広いネットワークを持ち、専門家やコーディネーターを有する中間支援組織との連携は大きな力となる。中間支援組織は、一般にNPOや財団など公的な団体である。日本ではまだ事例は少ないが、海外では公園管理において中間支援組織と連携している例が多く、組織自体を設置している自治体や企業も少なくない（写真4）。なぜなら、中間支援組織の存在によって公園緑地の活用が加速化し、地域の経済や安全、環境保全などに大きなインパクトを与えることが明白だからである。

写真4　パークボランティアのコーディネートや、市民グループの立ち上げ支援などを担うニューヨーク市の中間支援組織「Partnership for Parks」のコーディネーター（左）

②指定管理者の選定にパークコーディネーターの導入を条件とする

各地で公園施設における指定管理者制度が始まって久しい。指定管理者の募集条件に官民連携を促進させる人材配置（パークコーディネーター）を組み込むことで、質の高い公園づくりにつなげることができる（図6）。なぜなら限られた予算の中で、良質な公園運営を実現するには、ステークホルダーとの良好な関係づくり、地域連携によるエリアの活性化、自主事業での収益を上げるなど、多角的な戦略が必要だからである。それゆえ、単に植栽管理やイベント企画ができるだけではなく、エリアマネジメントを意識した、パブ

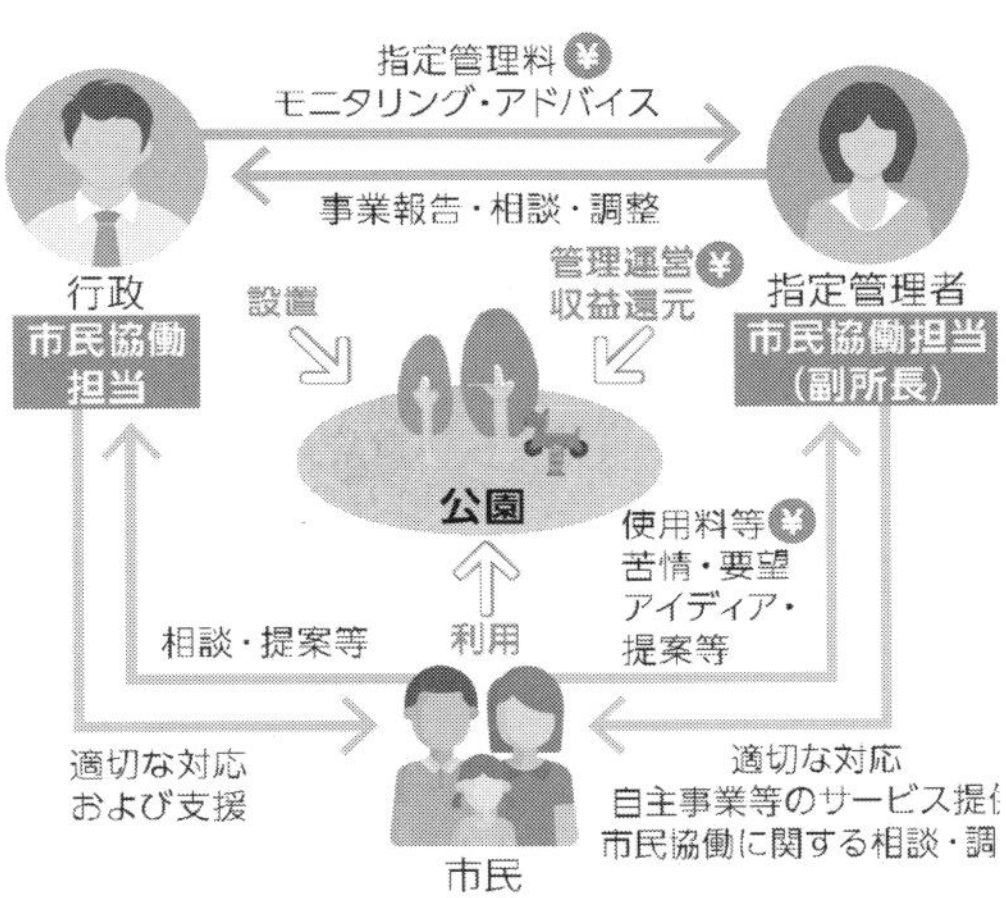

図6　西東京市では、指定管理者公募の際に、「市民協働担当」を配置することを条件とした。行政側にも同じ担当を置き、官民連携による協働事業が推進され、成果をあげている
（資料提供：西東京の公園・西武パートナーズ）

リックな視点とノウハウを持つ指定管理者がのぞまれている。パークコーディネーターを有する中間支援組織のような団体が、公園運営に携わることができれば理想的である。

③行政側も連携促進の体制を整える

官から民への権限移譲が進む中で、行政の役割も変化している。行政側が、官民連携のための支援やサポート体制も整えることは、民間団体にとって大きな力となる。西東京市では、公園担当部署に市民協働担当を置き、指定管理者側の市民協働担当（パークコーディネーター）と連携したマネジメントを行い、確実に成果を上げている。また他部署間の連携促進はさらに重要である。公園はいわゆる「公園課」だけでは担いきれない社会資本となっているからだ。教育、健康、福祉、環境、経済、防災、まちづくりなど、公園行政の守備範囲は、軽々と縦割り組織を超えていく。これは逆に言えば、都市のさまざまな課題解決に公園が役立つということだ。部署間連携が促進されれば、分野を超えたパートナーが顕在化し、相乗効果が生まれていくだろう。

④パークコーディネーターを育成する

福祉や教育、医療など、さまざまな分野でコーディネーターの必要性が高まり、養成講座や検定試験なども行われている。しかし、公園と地域を結びつける専門のコーディネーターについては、需要が増えると予想されるにも関わらず、人材育成の仕組みはまだ確立されていない。今後、コーディネートスキルを高めるための研修や資格付与などについて、関係団体が連携して取り組む必要があるだろう。

⑤公園の運営体制全般を見直す

パークコーディネーターは、公園と地域の可能性を広げる存在ではあるが、旧態依然とした組織体制では、その力は十分に発揮できない。公園全体でパークコーディネーターの役割と重要性を理解し、共に新たなニーズに対応していく姿勢が大切だ。さらに各専門分野のスタッフや外部との連携があることで、市民のアイデアと結びつき、質の高い公園づくりができる。専門スタッフの例としては、生態系の保全がテーマならば自然に詳しく保全技術のあるパークレンジャー、植栽や樹木管理であればパークガーデナーやランドスケープマネージャー、健康づくりであればスポーツコーディネーターなどがある。また全体を統括し、チームとして機能させるパークマネージャーの役割も重要である。公園の規模に応じて、内外のリソースを適切に組み合わせ、公園の特性に合った運営体制を構築したい。

公園とまちの未来

大きな変革の時代、公園もまた変わりつつある。さまざまな世代が日常をみどりとともに過ごす居場所、都会で生物多様性を育む場所、子どもたちの教育の場、緊急時の避難場所・・・。ここで行われる事業や活動は、コミュニティや人をつなぐ役割を担っている。公園は、再編される地域社会の原動力となりつつあるのである（図7）。大切なことは、公園の存在が人々の暮らしを豊かにし、まちの魅力を高め、地域のサスティナビリティに貢献することである。その視点に立ったパークマネジメントを実践することが、公園とまちの未来を輝かせるであろう。

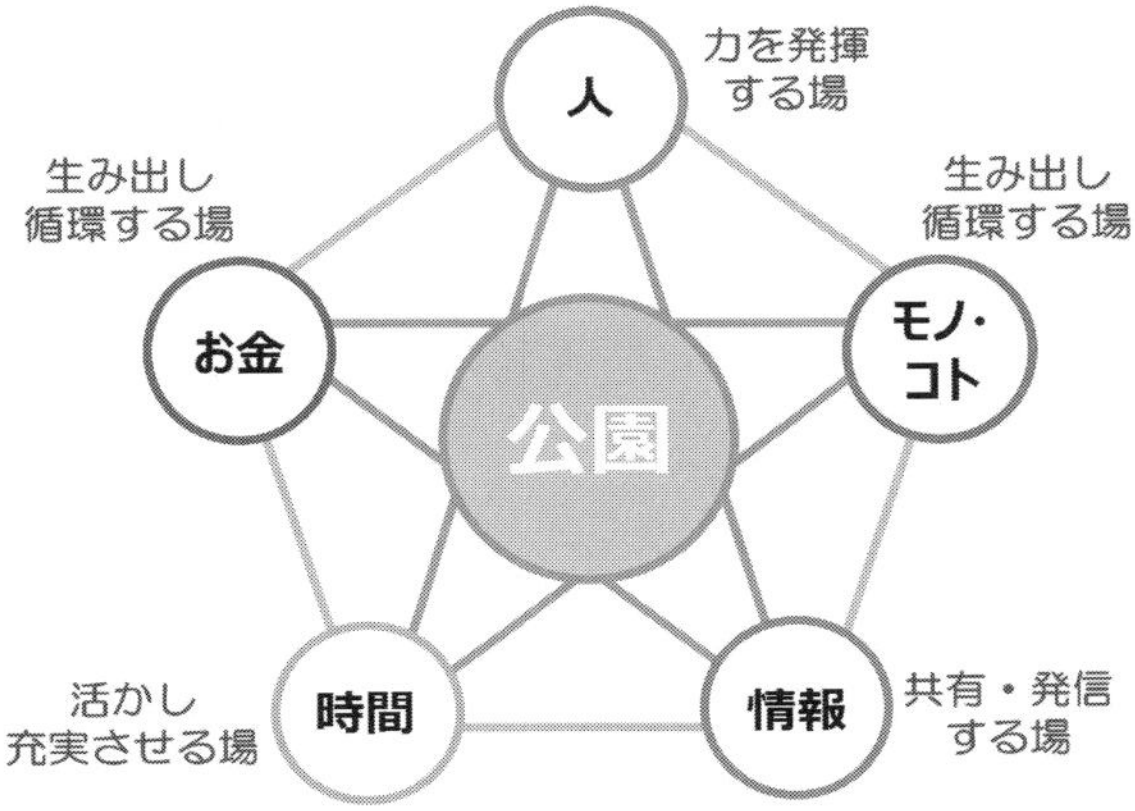

図7　公園がハブとなり、地域のリソースを結びつけ発展させる。これらの成果が社会に還元されることで、地域のサスティナビリティに貢献する

3/1

環境教育を通したパークマネジメント

中村忠昌

はじめに

都市公園で環境教育を行うことは、いまでこそ、それほど違和感を覚えずに話ができるようになっているが、私の学生時代（1990年代）には一部の特殊な公園でのみ行われている特殊な業務であった。

しかし、2020年代となった現在、国営公園や都道府県立の大規模公園はもちろん、区市町村レベルの小規模な公園でも環境教育が一般的に行われている。

例えば、国営公園のひとつである木曽三川公園河川環境楽園にある自然発見館という施設は、1990年の開設時から専門のスタッフが常駐し、現在年間千本以上の環境教育プログラムと年間約300団体の受け入れを行う環境教育専門の一大拠点として機能している（写真1）。また、著者がかかわる東京都北区立の公園の一角には、わずか716㎡の敷地を持つ環境学習施設が設置されているが、毎年4万人以上が来館している。

本稿では、公園における環境教育の全体像を示すことはできないが、公園管理者がおさえるべき、公園における環境教育について著者の経験をもとに述べていきたい。まず、どうして公園で環境教育を行うのか、改めてその目的や必要性を整理したい。

写真1　国営木曽三川の自然発見館における環境学習の様子（写真提供：NPO法人生態教育センター）

公園における環境教育の定義と要素

環境教育とは、非常に範囲の広い概念である。扱うテーマは、地球規模の気候変動や大気、水質汚染、野生動物の保護・保全から人口問題や貧困、差別等を扱うこともある。ここで、その全体像を説明するには、紙面が足りず、本稿の主題から離れてしまうので、ここでは言及を避け、公園（主に都市公園）における環境教育を主題に述べたい。

一般的に、環境教育を実施する（施設）には、①インタープリター、②プログラム、③フィールドの3つの要素が必要とされる（注1）。これは都市公園で環境教育を行う場合も十分に当てはまることであり、また今後の文中でも使うので少し触れておきたい。

①インタープリター

一般にはなじみのない言葉だが、環境教育プログラムを行う専門スタッフのことである。公園や施設によっては、「レンジャー」や「解説員」、単に「スタッフ」など呼び名は様々である。

②環境教育プログラム

「インタープリテーション」と呼ばれることもある。「インタープリテーション入門」（注2）によると、「自然、文化、歴史をわかりやすく人々に伝えること。自然についての知識そのものを伝えるのではなく、その裏側にあるメッセージを伝える為」とある。つまり、生き

【注釈】

注1 社団法人日本環境教育フォーラム編著（2000）：日本型環境教育の提案 改訂版，小学館

注2 キャサリーン レニエ、ロンジ マーマン、マイケル グロス（社団法人日本環境教育フォーラム訳）：（1994）「インタープリテーション入門－自然解説技術ハンドブック－」 小学館

ものの名前や生態などの情報を伝えるだけでなく、それを通して何を伝えるかを意識する必要がある。その意味では、単なる自然観察会などは環境教育ではないという考え方もあるが、それではあまりに限定的な活動と認識されてしまう。ここではより広義な意味として、公園内の自然や歴史などについて来園者へ伝える活動は、全て環境教育プログラムとして扱うこととする。

具体的な活動としては、インタープリターが参加者に対して直接行うものがイメージしやすいが、公園内に設置される解説サインや来園者に配布されるリーフレットのような間接的に行われるものも含んでいる。これらを表1（注3）にまとめる。

③フィールド

環境教育を行う場所・空間のことである。極論を言えば、都市公園全体が、フィールドともいえるが、対象となる動植物の観察しやすい雑木林や草はら、池などを指すことが多い。公園内に自然生態園などがあればそこがフィールドに適した空間となる。

公園をフィールドとする利点として、その安全性や利便性が挙げられる。多くの場合、公園には一般車両は入ってこない。観察や移動の際の歩道は整備され、地図などの案内板やトイレなどの施設もそろい、環境教育を行うには適した空間となっている。

公園における環境教育のはじまり

私が、一部の特殊な公園と呼んだもののひとつに、1989年に東京都大田区に設置された都立東京港野鳥公園がある（注4）。この公園の特徴は、レンジャーと呼ばれる専門スタッ

表1　公園などにおける環境教育プログラムの一覧（小野1998を参考に作成）

- インタープリターによる直接的な環境教育プログラム
  - ・定点解説・・・ビジターセンターなどでの個別解説
  - ・スライドトーク・・・ビジターセンターなどでスライドなどを使った解説
  - ・ガイドウォーク・・・公園内のフィールドで散策しながらの解説
- インタープリターによる間接的な環境教育プログラム
  - ・野外解説板・・・フィールド内における解説板上での解説
  - ・屋内展示・・・ビジターセンターなどパネルや模型、映像などをつかった解説
  - ・パンフレットや定期刊行物・・・持ち帰りができる紙媒体による解説
  - ・ウェブ上での解説・・・公園のホームページなどでの解説

フが常駐し、ネイチャセンターや環境学習センターと呼ばれる環境教育のための施設が作られ、日常的に環境教育のプログラムが行われていることである。

この事例と平行するように、環境省による「自然観察の森」事業（注5）も始まり、1986年には、第1号となる「横浜自然観察の森」が開園している。この事業でも東京港野鳥公園と同様に観察施設が設置され、常駐スタッフがプログラムを行っている。

以上の事例は、いずれも正確には都市公園ではない（東京港野鳥公園は、都条例による海上公園という区分になる）。では都市公園での環境教育に関する動きはどうだったか？実はこれまで述べてきた流れに並行する動きがあった。建設省（当時）の事業として1987年から始められた自然生態観察公園（アーバンエコロジーパーク）の整備である。この公園は、「人間と生物が触れ合える拠点」となるものであり、1993年には第1号として神奈川県座間市に座間谷戸山公園が開園する。そして翌1994年に建設省（当時）により策定された「環境政策大綱」には、この事業を推進することが記載されている。

注3 小野三津子（1998）：5．エコパークにおける環境教育「エコパーク─生き物のいる公園づくり─」p.205-2019 ソフトサイエンス社

注4 前身の大井第七ふ頭公園（通称「大井野鳥公園」）は1978年に開園しており、1989年に拡大開園となった。その意味では1970年代が公園における環境教育の黎明期と呼べるだろう。当時の詳細については加藤幸子氏による「鳥よ、人よ、甦れ」を参照されたい。また当公園は2018年にも拡大され、現在は36 haとなっている。

注5 身近な自然の喪失が進む大都市やその周辺部において、野鳥や昆虫をはじめ身近な自然とふれあえる場所を整備し、自然観察などを通じた自然保護教育推進の拠点とすることを目的に、全国10地区でモデル的に整備された。https://www.env.go.jp/nature/nats/kansatsu/index.html（環境省のウェブサイト）

以上のことから、１９８０年代後半から都市公園やそれに類する空間において、様々な主体により環境教育が始まったと言えるだろう。そしてその特徴として、環境教育はそれを行う場所（フィールド）の整備とともに始まっていたことを押さえておきたい。

なぜ公園で環境教育をするのか？

ではなぜ都市公園で環境教育をするのか？　すでに多くの都市公園で実施・実践されている時代ではあるが、実際にはその目的についての定義がみあたらない。そこで僭越ながら、私の経験からその理由をまとめてみると、「**公園管理者が行うべき環境教育とは、公園の魅力や価値・存在意義のアピールである！**」。多分に飛躍を含んでおり、ほとんどの方には分かりにくいと思われるので説明していきたい。

都市公園には、多くの場合、樹木を植えている。紅葉の美しいものもあれば、樹高20ｍ以上の大木があることも珍しくない。芝生もあれば、草丈の高い、いわゆる「原っぱ」もあり、池や川などの水辺のある公園も少なくないだろう。つまり都市公園には多様な自然環境が存在しているのである。このような場所では、少し意識を集中して、目を凝らし、耳を澄ますことで、多くの生きものが暮らしていることに気づく。つまり、都市公園とはこれらの生きものに出会うことのできる空間なのである。

同時に、都市公園は多くの方が憩いやレクリエーションの場所として訪れる。園路が整備され、トイレも設置され、駐車場や自動販売機もあれば、事務所には管理者がいる場合も多い。つまり都市公園は、小さな子どもや体の不自由な方も含め、誰もが安心できる空間となっているのである。しかし、その多くの利用者が公園内の自然環境の魅力や価値には気づいていない。

これら2つの事象を組み合わせると、いかがだろうか？　豊かな自然環境や多くの生きものがいる空間に、まだそのことに気づかない人々が訪れている。このような公園ならではの自然資源＝魅力を使って、その価値を伝えるための環境教育を行うのは自然の流れではないだろうか？

環境教育のもう一つの意義は公園の存在価値を伝えることと述べた。社会インフラの一つである公園は、道路や橋のように国や地方自治体の予算を使い、計画・施工・管理運営されている。しかし、日常生活の中で多くの人が使う道路や橋などと比べ、公園の必要性は意識されにくい。「あっても良いが、無くても困らないもの」として、認識されかねない。このような状況のなか、パークマネジメントに係る人間としては、積極的にその価値を発信していかなくてならない。さもないと、自らの存在意義を薄め、自らが「絶滅危惧種」となってしまう。公園における環境教育は、その価値を発信するためのツールとなる。

都市公園の存在意義についてある事例を紹介する。私は以前、東京都練馬区の自然環境調査に携わったのだが、区内の大規模緑地として選定した6箇所中5箇所が都立の都市公園であり、残りの1つも後に区立公園となった樹林であった。しかもそれらの公園には東京都のレッドリスト（注6）で絶滅危惧種とされている種が多く確認された。

このように、都市公園は、その周辺地域が市街化している状況において、野生動植物の限られた生育・生息地となっており、自然環境や生物多様性の保全という役割も担っている、重要な社会インフラの一つであるといえる。

近年の社会的な動き

公園とは直接関係がなさそうにみえるが、近年の社会的な動きとして国連による持続可能な開発目標：ＳＤＧｓ（Sustainable Development Goals）と呼ばれる取り組みに注目しておきたい。これは、持続可能な開発のための17のグローバル目標と１６９のターゲット（達成基準）からなり、地球上のあらゆる種類の人々、大学、政府、機関、組織は、ともにいくつかの目標に取り組むことが謳われている。このターゲットの一つに、「15：陸上生態系の保護、回復および持続可能な利用の推進、森林の持続可能な管理、（略）ならびに生物多様性損失の阻止を図る」という目標がある。我々は都市公園という社会インフラを管理する主体として参加すべき目標といえるだろう。

パークマネジメントと環境教育

これまで公園における環境教育について、その概要を説明してきた。ここからは、いよいよ公園管理者としての関わり方について述べていきたい。環境教育は3つの要素（フィールド、プログラム、インタープリター）が関わって成立することは述べたが、それぞれについて公園管理とからめて解説していく。

①フィールドの管理

公園で環境教育を行う場合、園内の適した場所（フィールド）を使うことになり、公園管理者は、そのフィールドをいかに良い状態に保つかが仕事となる。こう書くと特殊な業務のようだが、本来公園には多くの植物が生育し、その植物を管理するのは公園管理者の本来の職務である。これまで公園内の植物管理は、植物の健全な生育や景観的な美しさ、利用者の安全性の確保などを目的として行ってきたはずだが、そこに環境教育の対象となる生きもののことも考慮することでフィールドは適切に管理される。

例えば、草はらの刈り取りの時期をずらしたり、一部を刈り残したりするだけでもより多くの生きものが住まう事ができる。樹林内の落ち葉を掃かずに残しておくことで、クモ類やムカデ類など小動物が暮らす環境ができ、それらを食べる鳥類などを観察しやすくなる。

園内に希少種が生育・生息している場合には、保全措置をとるべき場合もあれば、来園者に注意を呼びかける場合もある。逆に駆除すべき外来種の存在が明らかになった場合は、そのための作業が発生するかも知れない。これらの目的や内容を来園者に伝える各種の活動も全て立派な環境教育プログラムである。

しかし、環境教育プログラムの内容や園内の動植物に明るくない管理者にとっては、具体的にどのような植生管理などをすればよいか判断できないだろうし、希少種や外来種の存在も分からない。それを解決するためには、フィールドの調査や管理の専門家の協力が必要となる。

注6　編集・発行　東京都環境局自然環境部（２０１０）：東京都の保護上重要な野生生物種（本土部）～東京都レッドリスト～２０１０年版、東京都

②プログラムづくりとそのための情報収集

環境教育のプログラム、特に都市公園の自然環境を扱うプログラムを実施する目的として、各公園の価値や魅力、存在価値のアピールだという話をした。もう少し付け加えると、環境教育のプログラム集などで紹介されているもの（写真２）であっても、それぞれの公園の状況にあったアレンジをすべきであり、そうでないと使えない。

どうすればアレンジができるかというと、公園内の自然環境、特に生きものに関する情報であり、一般的には植物や昆虫類、鳥類などの生息情報を収集し、プログラムとのすり合わせを行う。例えばドングリを扱う場合、地域により種が異なり説明も変わる。

実際の調査は、専門的な知識・経験のあるスタッフにより、定期的に実施できれば理想的だが、一般の公園スタッフが日々の巡回などで見かけたことや、来園者からの情報を整理するだけでも役に立つ。また、全ての調査を現場で行う必要はなく、地域の自治体や市民団体などによる過去のデータなども参考にできる。ただし、位置情報や時期（できれば日時）という情報はプログラムを計画する際に重要であり、必ず記録しておきたい。

実際に管理者がデータを集める際には、生物の各分類群について、必ずしも専門的なレベルでの調査は必要ない。例えば、各季節で目立つ花や実は何か？　園内でよく見られる昆虫は何か？　セミやトンボはどんな種か？　渡り鳥はいつ頃に渡ってくるか？　といったレベルである。環境教育のプログラムでは、多くの人が容易に観察できるもの、観察期間が長いものが対象にしやすい。逆に、希少なものは一般公開が難しく、珍しいものは観察しにくく不向きである。何より公園の魅力になりそうなものを探す視点が大切である。

写真２　既存の環境教育プログラムとしては、ネイチャーゲームやプロジェクト・ワイルドなどがある。写真は（一財）公園財団により普及活動が行われているプロジェクト・ワイルド

プログラムに必要な情報は生きものに関するものだけでない。公園に関する歴史（設置目的、計画意図などを含む）や地形・地質までを含む周辺の様々なものが利用可能な情報となる。これらの情報は、公園の管理者でなければ収集できないものも含まれている。これらがあることで、プログラムに時間的・空間的な幅が生まれ、背景やつながりを含んだ、メッセージ性の高いものとすることができる。

以上のような各種の調査により集められた情報から、各公園にあった環境教育プログラムを作ることとなる。この本は、個々の技術的な手法（ハウツー）を述べるものではなく、ここではその根本となる考え方を述べていきたい。

各公園の魅力や価値・存在意義を伝えることが、公園管理者が目指すべき環境教育プログラムの目的だということはすでに述べた。これを全て行うためには、科学的な視点も必要になり、専門家にも関与して欲しいところだ。もちろんそういったプログラムも必要であるが、まずは公園の魅力に注目してほしい。たとえば、昔からの古い樹林が残っている、池にはトンボ類など多くの昆虫がやってくる等々。そして、魅力に気づいたらその魅力を伝えるには、どのような手法が適切かを考える。公園スタッフによるガイドはもちろん、園内に看板を設置して対象の目の前で伝えたほうがよいのか、リーフレットで読み物として十分な情報量を伝えるのか？　専門的な内容であれば講師を呼ぶことも検討すべきかも知れない。同時に、各スタッフの「得意技」を活かすことも考えてほしい。例えば、写真の得意なスタッフがいれば、解説したい内容を写した写真とひとことの解説でも伝えることができるだろう。ひとつコンテンツができれば、紙媒体でも公園内の掲示板でもウェブ上でも伝えることができる。実際の現場では。それぞれの自然環境だけでなく、スタッフの体制にも考慮したプログラム運営をするべきだろう。

環境プログラムを作るうえでもう一つ考えておきたいことに、来園者のニーズがある。例えば公募型のプログラムに参加する方は、内容に対する要求度が比較的高く、ある程度専門的な内容を含んでいても対応できるだろうが、生きものなどに興味のない方が目にする展示などでは、まずは楽しさや分かりやすさを優先した方がよいだろう。このように、どのような来園者層を対象としたプログラムなのかを想定することが必要である（来園者のニーズ（要求度）については注1、2、7を参考にするとよい）。

③インタープリターをどうするか？

これまで述べたフィールドの管理や調査、プログラムの運営は、優秀なインタープリターがいれば解決することが多い。実際、前述の東京港野鳥公園をはじめ、常駐の専門スタッフがこれらの業務すべてを担当している施設は多い。

では、このようなインタープリター（専門スタッフ）がいないと環境教育はできないのか？こと都市公園においては、私はそうではないと考える。私自身、大学時代に造園に関する教育は受けたが、これまでに環境教育の専門的な勉強や訓練を体系だって受けたことはない（肯定ではなくそのようなチャンスはなかっただけである）。さらにいうと、あまり社交的な人間でもなく、一人よがりな性格である。しかし、いつの間にか、都市公園でいわゆるインタープリターとして勤務し、プログラムを行っている。なぜこんなことができている（＝こんなことになっている）のか？

表2　学習者の要求度とプログラムの目標（小河原1998）

学習者層	学習者の要求度	プログラムの目標	学習領域
フェーズⅠ 学習者の65%	自然への興味は少なく 楽しい体験を求める	興味を引き出し、関心を 高める　Ⅰ→Ⅱ	感性学習 情意的領域
フェーズⅡ 学習者の30%	自然に興味・関心を持ち、 知識を求める	正確な知識に基づき、理 解を深める　Ⅱ→Ⅲ	知識学習 認知的領域
フェーズⅢ 学習者の4%	自然の知識を持ち 評価能力を求める	態度、技能、評価能力を 育てる　Ⅲ→Ⅳ	価値学習 価値的領域
フェーズⅣ 学習者の1%	評価能力を持ち、 活動への参加を求める	主体的・持続的な活動を 援助する　Ⅳ→	参加学習 行動的領域

私のこれまでの経験から、公園管理者とインタープリターは親和性の高い職種だと思っている。公園管理者には、もともと植物や自然好きな方が多く、中には研究者のような玄人肌の方もいる。しかも現場に長く勤務していれば、植物の管理技術や過去の出来事について、日々知識や経験が蓄積されてくる。そんな方が、公園管理者としての専門性や経験を、公園の魅力発信などと関連させ、なんらかの表現ができれば、環境教育プログラムの「芽」ができあがる。もちろん表現内容の検討は必要だが、その人ならでは、その公園ならではのプログラムができるはずだ。公園管理者は、難しいものと考えずに、プログラムづくりに挑戦してほしい。

さいごに　～やっぱり欲しい専門家のいる公園～

これまで、都市公園における環境教育について、その目的や歴史からはじめ、必要な要素を公園管理と関連させて述べてきた。なるべく多くの読者が自らの関係する公園管理の中でイメージをしやすいよう、特別なことは必要とならないように述べてきたつもりである。これを読んで、「やってみようかな」と思っていただければうれしい限りである。しかし、私の経験の中でも、素晴らしい魅力や価値を有していながら、それが伝えられていない公園が数多く見受けられる。これらの公園では、常駐ではなくとも、環境教育の専門スタッフが係ることで、公園の資源を活かした環境教育プログラムを、効果的・効率的に実施し、

注7 小河原孝生（1998）：エコロジーパークをどのように計画するか　造形P・37－42

価値などの発信ができるはずである。その意味では、公園管理において環境教育の専門家は必要であり、そのような体制が作られるべきだと考えている。

また、個々の公園でのレベルだけではなく、パークマネジメントという概念、あるいはその職種・職能の将来を考えた場合にも、専門的な人材や施設が整った公園を増やし、内在する自然環境の魅力や価値はもちろん、公園という社会インフラそのものの存在意義を、広く一般社会に対して発信していくことが必要だと考えている。やや大げさかもしれないが、その可能性の一端を、公園における環境教育は担っているのではないか。

いままでに述べたことは、私の限られた経験から得られたものであり、しかもその中の一部でしかない。ここで触れなかったこととして、公園間や周辺の関連施設や関連団体との連携や協力関係、持続的な運営のための有料化についての考え方など、提案・紹介したいことは多くある。したがって、この文章を議論のきっかけとして、紹介した類似の情報にアクセスし、実際に環境教育を行っている公園を訪れることなどで、読者の考え方を熟成させ、さらなる環境教育の実現を目指して欲しい。

2/2

地方創生とパークマネジメント

富山大学／金岡省吾　舟橋村／吉田昭博・廣瀬美歩・中井明日香

本稿の問題提起

Ｐａｒｋ-ＰＦＩ（Park-private Finance Initiative）に伴うサウンディング型市場調査（注１）の導入により、民間事業者の意向が公園管理プロジェクトへ反映され、今までと異なる新たな公園管理の動向として注目（注２）され始めた。

造園関係団体も研究会を立ち上げ、造園業に携わる人々（以降、造園人と称す）は新たなビジネスチャンスと捉えている。しかし一方では、造園人はコンセプトメイク（性能づくり）より（仕様に基づく）現場での管理事業を得意としてきたために、コンセプトメイクのために、今までは公園管理に関係が薄かった多様な業種が参加するサウンディング調査への参加を思案する声や、むしろ「地方創生は造園人から仕事を奪う」などの懸念すら聞こえてくる。

【注釈】

注１　国土交通省「都市公園の質の向上に向けたＰａｒｋ-ＰＦＩ活用ガイドライン」（２０１８年８月改正）によれば，サウンディング調査とはＰａｒｋ-ＰＦＩの有効な提案を促すため実施が推奨され，地方公共団体の担当者が民間事業者と直接対話すること。

注２　塩見一三男、中川秀徳、小松亜紀子、金岡省吾、市村恒士：民間事業者の意識からみた「都市公園ビジネス」展開の可能性，日本造園学会「ランドスケープ研究」，No82（５），pp．５２７－５３２（２０１９）

なぜ造園人はコンセプトメイクに躊躇するのだろうか。

筆者の学生時代、（昭和60年頃）のある造園計画論の講義での「みどりの必要条件」の話題で、造園の必要性に疑問を抱かず、「一人当たりに必要な公園面積10㎡をどのように整備するかという「Ｈｏｗ」が重視される世界」である。このような十分条件の追求によるHow to do の世界でよいかと問いかけられた。

必要性のない世界に疑問を覚え、筆者は造園職には就かず、学際的アプローチが必要なシンクタンクならばその解が見いだせるのではないかと考え、公園の必要性を追求する目的で都市銀行系総合シンクタンクに就職した。

実際にシンクタンクでは多種多様な調査研究にて、あらゆるものの必要条件を求め社会工学、デザイン学、経済地理学、経営学といった社会科学を、大学で学んだ造園学と融合、学際化することで、必要条件の解明が地域経済の活性化に連動する新しい地域づくりの世界に触れることができた。

例えば入社してまもなく、経済地理学と造園学が融合する学際的な調査研究の業務に携わる機会を得て、地域の人々の生活行動と企業活動を介して都市間連携の必要性を紐解き、都市間を結ぶ高速道路の必要性が究明でき、結果としてその路線計画化を経験することができた。

また大規模保養基地の経営戦略の立案業務では、造園で学んだ計画論を経営学と融合することで、顧客満足度を指標とした来訪行動の仕組みを解明し、所有するホテルの存在意義を問い直し、その必要性を明らかにすることで再投資を実現させた。

来訪行動の仕組み解明は副産物として、都市間を繋ぐアクセス道路の必要性も明らかにし、広域路線計画の糸口も見出せた。他領域の知見を活用し、求めるハード（インフラや施設）の必要性を解明し、その新たな役割を明確にすることがコンセプトづくりそのものだった。

公園整備に必要な「Ｈｏｗ」を追求してきた造園人にとって必要な事は、他の学問領域と融合する機会に積極的に参加し、自らがもつ競争優位な造園学の武器を活かした公園の新たな役割を見直すコンセプトづくりに積極的に参加すべきではなかろうか。

人口増加を基調とした全国総合開発計画（以降、全総と略す）では、一人当たりの公園面積10㎡を目指し、量の充足が求められる時代であり、造園人には「Ｈｏｗ」が求められるのは当然のことであった。しかし、人口減少時代の国土形成計画が求める地域づくりは全総と異なる。

これから求められる造園人の新たな役割は、地域課題の解決、なかでも人口減少の歯止めにコミット（結果に責任をもつ）し、その実現にむけて、公園が秘めている可能性を新たに掘り起こすことである。つまり公園の再生に道筋をつけ、新たな役割を担うパークマネジメントを展開することが人口減少時代に求められている。本稿で述べたいテーマはここにある。

そこで本稿では先ず、次世代を担う若者が水先案内人として地方創生時代に活躍するためにはいかなる公園が求められるかを考えるため、全総とは異なる人口減少時代の新たな地域づくりについて述べる。

つぎに官民の多様な主体が取り組むパークマネジメントとして、人口減少時代のシビルミニマムとして公園が存在価値を発揮する「富山県舟橋村」を取り上げ、その展望や哲学を探り，新たなパークマネジメントの制度や仕組みづくりを考えるための参考事例を提供する。

なお、本稿は既往報告（注3～5）や「地方創生加速化交付金申請書」等の既公表資料を再構成し、新たに原稿として書き起こしたものである。

地方創生の舞台で造園人が活躍するためには？

従来の地域づくりは、全総のもと、戦後復興～経済成長期に人口増加・産業発展を目指し国主導で成長の極の理論をベース（注6）にモデル地域、拠点開発を行ってきた。それは拡大成長を基調とする地域開発であり、道路・港湾・住宅など整備量水準を設定した蓄積（ストック）志向のインフラ整備の時代であった。

造園業界も都市公園法による住民1人当たりの敷地面積を10㎡以上とする目標を定め、公園整備により公園をストックする時代であった。

当時は「必要性・性能・仕様」は行政が全て提示するものであり，民間はどのように整備すべきかの「Ｈｏｗ」への対応が求められた。

涌井史郎氏（注7・1994年）は、「造園企業は植栽下請け、伝統的な庭園業務から、官公需要の対応により施行管理力を向上させ業務マネジメント能力を磨くなど、全総とともに造園産業は育成されてきた」と述べるように、造園産業の育成は「Ｈｏｗ」対応への成果でもある。この育成を支える役割を大学が担ってきたのではないか。公園整備の「Ｈｏｗ」は大学研究室で蓄積され、そこで培われたノウハウが、造園の設計・コンサルタント人材を育成、さらにはベンチャー企業を起業させるなど、大学は人口増加時代の造園の職域を切り開く役割を担ったと筆者は考える。

しかし、地域づくりの考え方が人口減少を基調とした国土形成計画へと大転換した。公園も量の追求から集約・再編、統廃合によりストックを再編させ、機能や立地の再編が検討される時代に突入した（注8）。では、人口減少時代に公園が必要とされるためには何を満たせばよいのであろうか。

造園人の職域であるランドスケープという技術用語が第１次・国土形成計画（注9）に記載されたことは喜ばしい。しかし造園人が注視すべきは、新たな地域づくりとして示され

注3　公園緑地Vol 77 No 5 まち・みどりの話題2 58–59公園緑地協会
注4　公園緑地Vol 78 No 5 2018 挑戦者たち40–41公園緑地協会
注5　都萬麻Ⅱ 2018 人口減少はビジネスチャンス新たな地域づくりによる移住・定住 28–49富山大学芸術文化学部
注6　国土計画の変遷―効率と衡平の計画思想 2008/4/1，川上征雄（著），151ページ，鹿島出版会　p53～54
注7　涌井史郎（1994）：造園建設業における民需の現状と展望：ランドスケープ研究58（2），158－165
注8　http://www.mlit.go.jp/common/001135262.pdf「都市公園のストック効果向上に向けた手引き」国土交通省都市局公園緑地・景観課 平成28年5月 p17
注9　http://www.mlit.go.jp/common/001119706.pdf　国土交通省ＨＰ　国土形成計画（全国計画）24、26、96、107、113

た「新たな公」、第2次・国土形成計画で示された「地域課題解決」「地域ビジネス」「CSV（Creating Shared Value）」「クラウドファンディング」「地域イノベーション」「産学官金連携」「起業増加町」「小さな拠点」など造園人には聞き慣れない用語であるが、造園人はこれらの新たな地域づくりの用語にどこまで順応可能であろうか。

田代順孝氏（注10・2014年）は「これまでとは違う公園像の提案が必要である」ことを示唆し，池邊このみ氏（注11・2014年）はさらに踏み込み、「公園が地域に必要な空間としての役割を果たし、地域再生のきっかけになる場として、地域活性化に寄与する空間であることを示すべきだ」と指摘し、地方創生に資する「新たな公園像」を問いかけている。

すなわち、地方創生の舞台での造園人の活躍の可否は、「地方創生に必要な公園とはどのようなものか？」「公園で地方創生は可能か。その方法はどのようなものか」など、人口減少時代の地域づくりの具体的な解決策が提示できるかが問われている。

具体的な解決策の提示のためには人口減少のメカニズム（仕組み・要因）を知ることが必要である。

自治体は、人口減少克服の政策として地方創生プロジェクトの立案の際に人口ビジョンを検討し、どれだけの人口流入や出生が必要かを明らかにした。

ここでA市を事例に人口減少を考えると、

①人口維持に必要な合計特殊出生率（注12）2・07人との対比

②時系列の年齢階級別純移動数（図1）において、（Point 1）高校卒業時に高等教育機関・就職などの社会移動、（Point 2）大学卒業後の就職時のU・Iターン、（Point

3）子育て層（20代後半・30代前半）の社会移動がその要因である。

このような人口減少のメカニズムを克服するのが地方創生であり、それを克服すべく新たな地域づくりが展開され始めている。

長野県下條村（注13）では、地域住民の共助機能の形成に資する賃貸住宅事業に取り組み、奇跡の村と称され実際に出生率を向上させている。

首都圏では、行政主導ではなく企業独自の取り組みとして、子育てコミュニティの形成を重視し、ＮＰＯと連携した賃貸住宅の商品開発が行われている。

また、子供見守りの共助機能を構築した造成地販売を行うハウスメーカでは、「住宅が変われば社会が変わる」を掲げ（注14）、後述するＣＳＶを目指した企業経営を行う事例も生まれている。

このような民間企業による新たな地域づくりは、企業収益と地域の課題解決

注10 田代順孝（２０１４）：公園の価値増大施策の世界的潮流とＩＦＰＲＡ認定公園士制度，都市公園，No.２０５，８－11

注11 池邊このみ（２０１４）：公園の価値を高めるためになすべきこと 都市公園，No.２０５，４－７

注12 一人の女性が出産可能とされる15歳から49歳までに産む子供の数の平均

注13 出生率を伸ばした小さな村の大きな挑戦／全国町村会ホームページ ２００６年10月２日掲載 http://www.zck.or.jp/forum/forum/2575/2575.htm、２０１７年12月25日参照

注14 Sustainability Report 2016 トップコミットメント 積水ハウスホームページ ２０１６．５．22．更新 https://www.sekisuihouse.co.jp/sustainable/download/2016/book/2016_9_14.pdf ２０１９．８．30．参照

図１ 時系列の年齢階級別純移動数

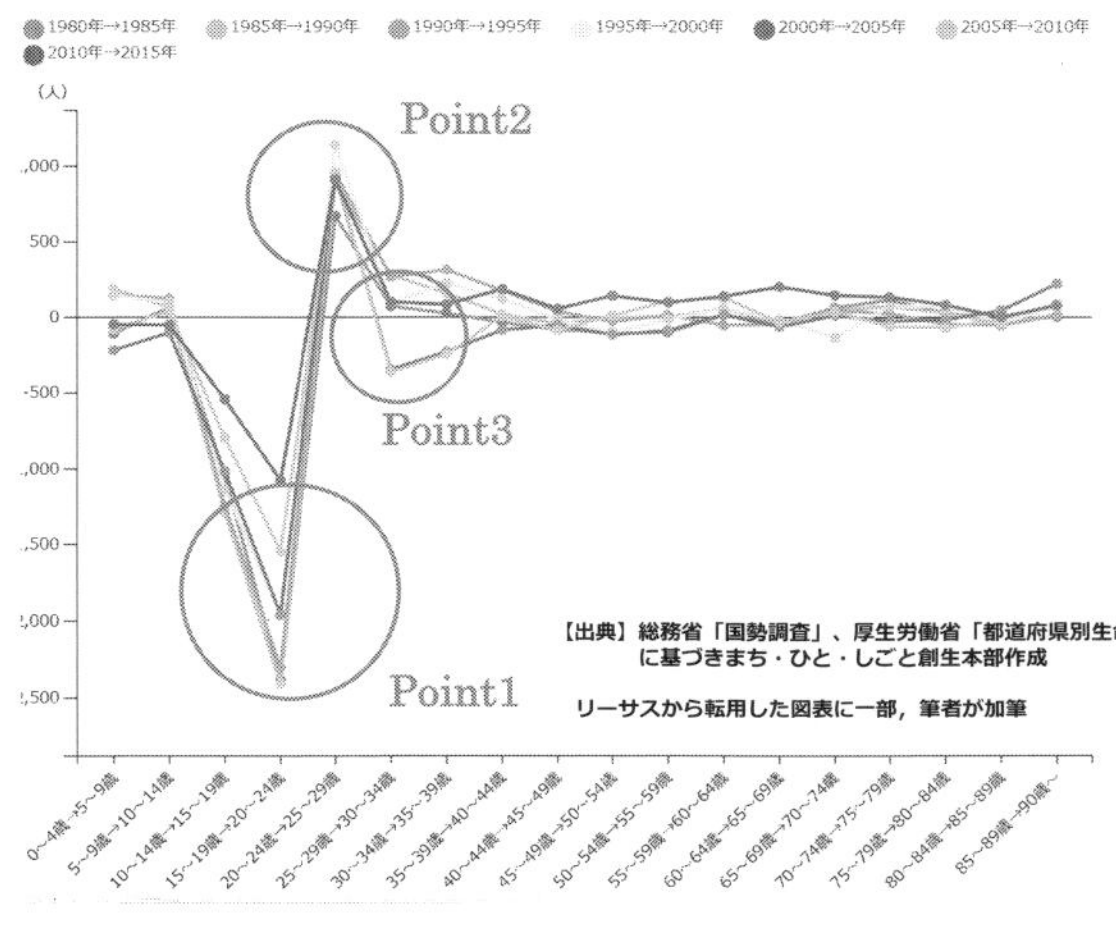

を同時に実現するCSV（共通価値の創造）の動きであり、地方創生（2014）、第2次・国土形成計画（2015）にも示され、新たな地域づくりのエンジンとして注目されている。

造園分野で置き換えて考えると、地方創生のために活躍できる公園とは、人口減少の克服に必要なインフラとしての存在意義を公園が発揮するための仕掛けを施せるかである。すでに大手の衣料小売店が、都心部に点在する小規模公園を、子育て世代にとって魅力あるコミュニティの場としての再生プロジェクトに着手している。ハウスメーカの経営戦略「住宅が変われば社会が変わる」のように、「公園が変われば社会が変わる」をコンセプトとして掲げ、果敢に地方創生に挑む人材が造園分野にも出現することが期待されている。

これまでは行政が設定した指標に従い、利用者増加，利用者満足度などを満たした公園運営で十分であった。しかし、地方創生＝人口減少を克服するための公園の役割を新たにコンセプトメイクし、自ら人口減少克服へのKPI（Key Performance Indicator）を設定・管理する「地方創生の核となる公園づくり」を追求する時代が既に到来している。

人口減少克服をコミット！　舟橋村／子育て共助・子育てコミュニティ形成による地方創生

本節では、人口減少克服へのKPIへのコミットを求め、「公園は誰のために、何のために、どのように使うのか」を明確化させ、造園人が公園の存在価値を新たに問い直し、新しいビジネスモデルの構築に挑戦している取り組みを紹介する。

この事例は、大学・村・造園関連団体が、日本で初めて地方創生に関する覚え書き（写真1）

を締結し、造園の新しい仕事づくりを大学と村が伴走する形で事業展開した。
メディアで全国に情報発信され、「こども公園部長」採用による取り組み、クラウンドファンディングでの資金調達等が脚光を浴びた。しかし注視すべきは、公園に地方創生の核となる存在価値を見出した点である。公園の固定観念を取り払い、公園が秘める可能性を地方から発信した点が高く評価され、平成30年度都市公園等コンクールで、多様な主体の新たな参画・協働部門で国土交通大臣賞を受賞した。

富山県舟橋村は面積わずか３・47㎢、日本で最も小さい村である。同村は、富山市の中心部に電車で約15分の距離に位置しその至便性を生かし、富山市のベッドタウンとして人口・世帯数が大幅に増加した村である。

ではこの人口増がいつまで続くのか。この疑問に応えるために、在京のシンクタンクの協力を得て、舟橋村の若手職員10名（職員全体でも24名）と富山大学で２０１３年に「人口問題プロジェクト（政策立案ゼミ／塾）」を立ち上げた。

舟橋村は良好な地理的条件（図2）を活かした住宅政策が功を奏し、富山市のベッドタウンとして人口が倍増し、平均年齢40歳と若返った。

国立社会保障・人口問題研究所も「将来にわたり人口増加」と捉える全国的にも希少な自治体であった。しかし実際には、20歳代の転出超過（図3 Ｐｏｉｎｔ1）、地価高騰による民間の宅地供給が低下し、子育て世代の転入激減（図3 Ｐｏｉｎｔ2-2）が顕在化していた。バランスよい人口構造を維持するためには「5年間に40世帯の子育て世代の人口流入」「出生率向上」が必要であった。この人口減少のメカニズムを若手職員らが解明し、その克服の

写真1　村・大学・関係団体　日本初「地方創生」に関する覚書締結

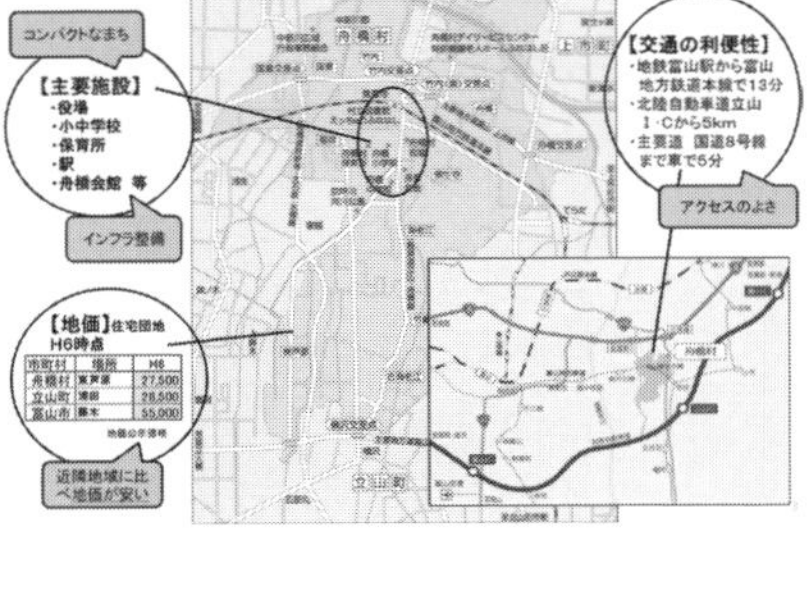

図2　舟橋村は良好な地理的条件を活かした住宅政策

ためにCSVにより人口減少に歯止めをかけるべく、子育てコミュニティを形成し、子育て層の流入と出生率向上を目指す「子育て共助のまちづくり」を、地方創生政策に3年先駆け立案し、子育てコミュニティの形成に資するモデルエリア（図4）の3プロジェクト（賃貸住宅，公園，保育）を産学官金連携の下でスタートさせた。

移住意欲を喚起させ、出生率向上に直結する公園づくり

平成16年に一部供用開始した面積約3・4haの「京坪川河川公園（近隣公園）」は、綺麗な芝生、絵はがきのように美しい景色、しかしそこに人の姿はない（写真2）。

「公園は遠目に眺めて楽しむ場所？」公園の専門家としてこの公園を「人が集い、地域に必要とされる公園に変える」ため新しい使いこなし方を提案してほしい!!

この呼びかけに、「公共工事減少」「団塊世代の職人のリタイヤ」「子供に継がせられない」「魅力がないため新卒の若者の採用ができない」など、不安を抱えた富山の若手造園企業3社（以下若手造園人）が新たな光明を求めて、JVでプロポーザルに参加し、優先交渉権を得てパークマネジメントを開始した。

CSVによる地域課題解決を目指し、①5年間に40の子育て世帯を転入、②5年間に149人を出生　③CSVによる仕事づくり、④住替え意欲の向上といったKPIにコミットし、「この公園があるからここに住みたい」「こんな公園があるくらいだから、ここはきっといいまち」などの期待感を増すことで、人口減少に歯止めをかけるパークマネジメントの展開を図った。

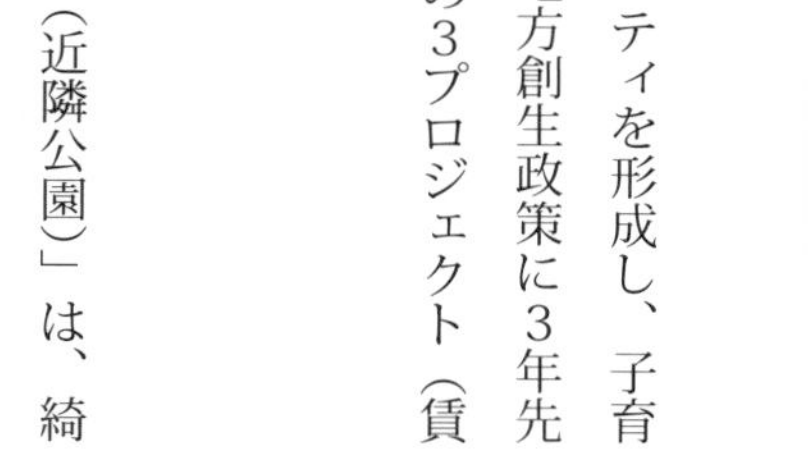

図3　富山県A市年齢階級別純移動数の時系列分析

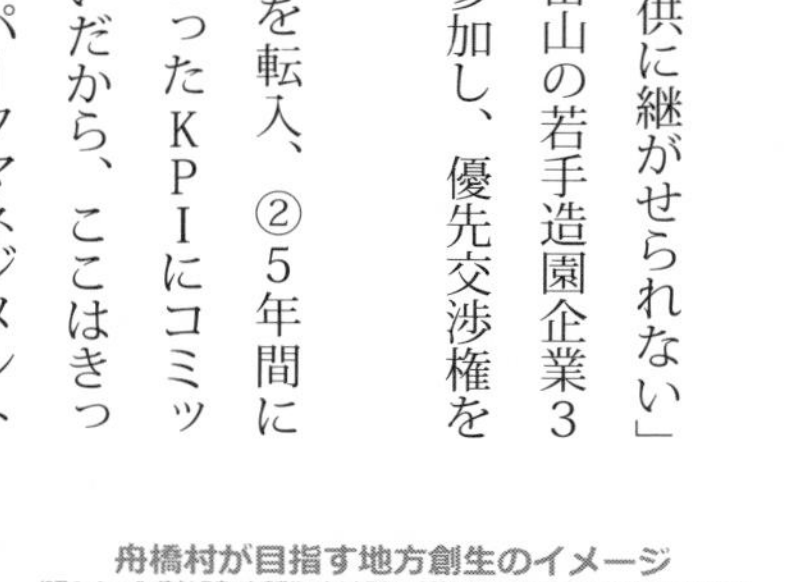

図4　コミュニティの形成に資するモデルエリア

実際の取り組みは苦労の連続であった。１年目はニーズを掴むヒアリングからスタートし、２年目に多くのイベントを開催したが、初回の参加者はわずか３名と、造園業者だけでのイベント展開の難しさを実感し、異業種である子育て支援センターとの連携を行った。

結果、親子連れを集客することができた。しかし、ＫＰＩコミットにはほど遠い状態であった。若手・造園人が「転入促進」「出生数向上」の達成にはとくに苦労し、

当時「首都圏のハウスメーカが「コミュニティが武器」「コミュニティがビジネスになる」と指摘するのは本当か頭は疑問符だらけの状態、地方創生会議や大学主催勉強会では聞いたことがない等真っ暗な闇を歩く状態であり、口癖は答えを教えて下さい」

であったと回想している。

４年目に転機が訪れた。わずか参加者３名からスタートした取り組みが、足掛け４年目には平均１７０名（最大１０００名超）が公園に集まった。

メディアで全国に紹介された「子供公園部長・クラウドファンディング（図５）」の取り組みが、人と人のつながりが信頼感を醸成するといった社会的効果（ソーシャル物理学等で用いられるエンゲージメントの効果）が寄与し、「つながり」からソーシャルキャピタルを育んだ。結

写真２　「京坪川河川公園（近隣公園）」は、綺麗な芝生、絵はがきのように美しい景色、しかし、そこに人の姿はない

図５「子供公園部長・クラウドファンディング」の取り組み

果として、公園で子育て支援ＣＳＶ（地域ビジネス）が誕生する（起業増加町の）土壌が整い、国土形成計画が示す新たな地域づくりを具現化し始めていた。

舟橋村転入者の移住理由は中心都市である富山からの利便性や土地の安さであった。しかし今では公園の存在が移住理由の1つに挙がるようになった。パークマネジメントに関わる行政・企業の現場担当者も半信半疑だった「利用者の移住意欲を喚起する公園づくり」「出生率向上に直結する公園づくり」が現実のものとなりつつある。

この取り組みは副産物をもたらしている。この造園企業には何年間も新卒応募がなかったが、舟橋村での仕事内容を説明すると高校生の目が輝き、新卒2名の採用を実現できた。また富山大学の講義で舟橋村の取り組みを紹介すると、大学生が能動的にイベントに参加し始め、地方創生に関与する仕事に興味を示し始めた。

「舟橋型パークマネジメント」が公園の魅力を高め、人口減少の歯止めに留まらず、若者たちの中で「造園業の魅力」を高め始めている。

若者から魅力がない職業として新卒採用できず、子供に継がせたくないと考えていた若手・造園人が、「自分の子供に胸張る“造園企業”」になりつつある。若手・造園人は、まだコミュニティが新たな仕事づくりになるかの実感はないが、「舟橋から全国発信したい！」と、造園の新たな切り札として魅力的であることを実感し始めた。

子育て層の人口流入、出生率向上など、人口減少の歯止めに資する地域課題解決に役立つ公園の使い倒しが、地方創生の核となる存在意義を公園に定着させようとしている。

学生時代の講義で疑問を生じた十分条件だけの公園の存在から脱却し、生活する上で必

写真3　地方から発信！新しい公園の魅力を！新しい公園のカタチ！

左／キーワードは「愛着」と「期待感」「与えられるサービス」から「関わる楽しさ」へ。中／立派な遊具はない。大規模なイベントもない。右／でも、人が集い、人と人が繋がる。そして、その先で「この公園があるからここに住みたい」を実現する

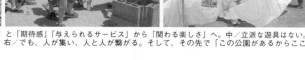

要不可欠なツールとして、公園は地方創生・人口減少克服へ大きな可能性を秘めるシビルミニマムとして、必要十分条件を満たす存在になりはじめた。

公園は人口減少時代のシビルミニマムだ！

先駆的な自治体では既に性能規定が導入され、仕様の検討主体が行政から民間にシフトする傾向が伺える。

舟橋村の地方創生プロジェクトも基本的な要求水準を示し、大胆に民間事業者に提案を委ねた。しかし「ＫＰＩ達成状況→事業見直し」といったＰＤＣＡ（Plan do check act cycle）検証を行ってきた結果、事業コンセプトへの理解と事業遂行力が低い企業は、契約の見直しに踏み切らざるを得ないことも生じ、当初多くの苦労が続いた。

商品企画力を有する首都圏企業に対し、地方では単独企業がこの機能を組織化できない。舟橋村ではこの格差を「地方の壁」と称し、地方が抱える課題克服のためにサウンディング調査の実施や、村・大学・業界団体が民間企業と連携し、造園技術を活かしたＣＳＶによる地域課題解決を考える勉強会（写真４）も実施した。

第２次国土形成計画に、将来人口等を見据え知恵を絞って地域の将来像を構造的に捉え、産学官金の連携、人材育成によるソーシャルビジネスの展開、コミュニティ再生、新たな資金調達、ＣＳＶにより地域課題に対応する共助社会づくりを目指す姿が記述（注15）されているが、まさに「舟橋型パークマネジメント」像が描かれている。

先の勉強会には地域金融機関が、地方創生各種会議には財務省北陸財務局富山財務事務

写真４　10年後の生き残りをかけて「新しい仕事づくり」を自ら考える造園勉強会！

所が参加し、造園領域とは接点を見い出せなかった産学官金連携も強固に展開している。

「舟橋型パークマネジメント」のように、人口減少の克服にコミットし公園の存在価値を新たに問い直し再生することで公園を使い倒し、「公園が変われば社会が変わる！」と地域課題を解決できる提案が可能な造園業者ならば、地域に不可欠な必須な存在となるはずである。

行政が性能発注→地域課題解決型PPP（Public private partnership）を展開し、それに造園業者が対応して公園の新たな使い方を提案できれば公園は変わると、舟橋村職員は熱く語っている。

人口減少時代の地域課題は子育て以外にも多くの課題が存在する。地域課題解決にとって公園が秘めている可能性はとても大きい。

筆者は造園学以外の学問領域から学際的な視野を取り入れ、地方創生時代のパークマネジメントのコンセプトづくりに取り組んできた。

人口減少時代に造園空間は必要でありかつ魅力的である。

公園は人口減少時代のシビルミニマムとしての存在であり、人口減少は造園人にとってビジネスチャンスでもある。

しかし他の領域、他の業種との連携が必要であり、だれが制度、仕組みづくりをプロデュースするかが重要である。

公園の存在価値を再生できれば、若者の造園職に対する魅力は高まる。ただし、造園以外の学生たちの興味も増しつつあり、造園学を学ぶ若者にとってのライバルも多い。

新たな資本主義の誕生を示唆し，共通価値の戦略／ＣＳＶを提唱（注16・２０１１年）し、企業と社会との関わり再構築を促す経営学者マイケル・ポーターは、ＣＳＶはＭＢＡのカリキュラム変更を余儀なくさせたとも示唆している。

全総時代に大学の造園研究室が造園職域を切り開くフロンティアを孵化させた点を前項で述べたが、ＣＳＶによるＭＢＡ改革と同様，造園学は「人口減少克服のコミュニティ形成」、「公園の存在価値の再生」、「新たな地域づくりに対応した孵化機能」に貢献すべきである。

公園は「誰のために」「何のために」「どのように」使うのかに応え、公園をリノベーションし公園を使い倒す、造園業の新しいビジネスモデルを切り開くのは、「造園を学ぶ若者」である。新たな公園管理の公募がＰａｒｋ-ＰＦＩ推進支援ネットワーク・ポータルサイトに数多く掲載（注17）され始めている。

利用者増・顧客満足指標を到達した上で、その先にある「地域活性化の核」「地域課題解決」への成果にどこまでコミット（責任をもって関与）できるかが、地方創生時代に新たな道を切り開く造園人の真髄である。

注15 国土形成計画（全国計画）：国土交通省ホームページ
http://www.mlit.go.jp/kokudoseisaku/kokudokeikaku_fr3_000003.html
２０１５．11．12更新 ２０１９．８．29．参照

注16 マイケル・ポーター，マークＲ・クラマー（２０１１）：共通価値の戦略：ダイヤモンドビジネスレビュー36（６），８－31

注17 Ｐａｒｋ-ＰＦＩ推進支援ネットワーク、日本公園緑地協会 https://park-pfi.com/sounding/
２０１９．８．30．更新・参照

おわりに　ウィズコロナそしてアフターコロナの時代に

２０２０年３月11日に世界保健機構（ＷＨＯ）は、世界におけるＣＯＶＩＤ－19によるパンデミックを宣言した。今までは、想定されていなかった新しい生活が始まっている。米国の国立公園管理部局では、公園におけるフィジカルディスタンシングの奨めを提唱し公園を安全に利用するマニュアルを発行している。マスクの着用や、同居する家族との訪問、もちろん、公園の中でも「密」を避けることなどだ。日本国内でも、公園が閉鎖されたり、遊具が利用禁止されたりしたが、少しずつ解除されている。

公園は、その豊かな空間や自然が人々の身体的、精神的、社会的、そして地域社会の健康と幸福にとって、重要な要素であることは、言うまでもない。公園の重要性をどのように評価しながら、活動の制限を設定する中でも、人々の幸福や健康な暮らしを構築するかは、これからの大きな課題となっている。

様々な規制の段階の中での公園の安全性の確保、公園の豊かなレクリエーションや快適性の担保、そしてコミュニティとしての連携などをどのように図っていくかが、求められている。政府の指令やガイドラインに従いながらも、安全である限り、公園や散策路、自然やオープンスペースをアクセス可能に保つことは、奨励されるべきだろう。また、個々人が自らの活動をより楽しむセルフレクリエーションによる活動形態も進展することと考えられる。

実際の公園での積極的な活用として、まず、アクセスも含めて、公園の状況についての最新情報やアラートの種類を発信する必要があるだろう。何が許可されているか、或いは、許可されていないかの確認。人の密度の高い公園や少ない公園の情報。レクリエーションエリアの状況確認などの情報提供サービスは必至である。

安全を確保したうえでの、イベントの開催も、段階に応じて実施できる。特に、自然とのかかわりは、ソーシャルディスタンシングの確保とも相まって、公園での活動の大きなメニューとなるだろう。自然による癒しは、感染症との戦いのための免疫力もアップする。自然とつながる、家族とつながる、そして、友人ともつながり、地域社会での連携が求められる大きな空間が公園である。

公園本来の意義をどのように確保していくのか、公園でのボランティア活動も続けたい。SNSを活用した、情報共有やつながりの発信は新たな生活の中で、公園の活用を推進してくれる大切なツールでもある。

公園の安全な管理とその発信、セルフレクリエーションの推進、ソーシャルディスタンシング、そして、ソーシャルネットワークの展開がこれからの公園の利活用の新たなリソースとなることは間違いない。

これまで培ってきた、パークマネジメントと地域社会とのつながりを継続しながら、ウィズコロナ、そしてアフターコロナをも考えることで、私たちはさらに人と公園のつながりを深めていくという決意を新たに持ちたい。

林まゆみ

大学院園芸学研究科造園学専攻修了。博士(農学)、技術士（建設部門)。松戸市都市公園整備活用推進委員会委員、千葉大学非常勤講師。著書に「パークマネジメント地域で活かされる公園づくり」(共著、学芸出版社、2011)、「造園実務必携」(共著、朝倉書店、2018）など。

●福岡孝則（ふくおか たかのり）
東京農業大学 地域環境科学部 造園科学科 准教授 / Fd Landscape 主宰。東京農業大学卒業、ペンシルバニア大学芸術系大学院ランドスケープ専攻修了後、米国・ドイツのコンサルタント、神戸大学持続的住環境創成講座特命准教授を経て、2017年4月より現職。作品にコートヤード HIROO〈グッドデザイン賞〉、南町田グランベリーパークほか、著書に「海外で建築を仕事にする 2 都市・ランドスケープ編」、「Livable City（住みやすい都市）をつくる」など。

●池邊このみ（いけべ このみ）
千葉大学大学院　教授。シンクタンク勤務、(独)都市再生機構、都市デザインチームリーダー兼務を経て、現職。文化庁、国土交通省等、地方自治体において、文化財から公園緑地、景観、環境分野まで幅広い分野の審議委員を務め、公園や街路樹、団地等の再生を得意とする。シンクタンク仕込みの費用捻出までを含めたトータルなコーディネート力を強みとし、「公園が変われば街が変わる、街が変われば人が変わる」がポリシー。

●藤本真里（ふじもと まり）
1961 年兵庫県生まれ。2012 年大阪大学大学院工学研究科博士課程修了，博士（工学)。
学位論文「都市公園における住民参画型運営に関する研究」で 2012 年度日本造園学会賞。論文「行動する博物館 ~ ひとはくのアウトリーチ事業の実態と今後の展開」で 2015 年度兵庫自治学会賞。1985 年財団法人生活環境問題研究所研究員 1992 年兵庫県立人と自然の博物館研究員現在、兵庫県立大学自然・環境科学研究所准教授、兵庫県立人と自然の博物館主任研究員を兼務。

●佐藤留美（さとう るみ）
東京農工大学農学部森林利用システム学科卒。1997 年に NPO birth を設立、事務局長に就任。2018 年に NPO 法人 Green Connection TOKYO 代表理事に就任。協働型パークマネジメント手法を開発し、活用した公園では、都市公園コンクールにて国土交通大臣賞・国土交通省都市局長賞・審査委員会特別賞を受賞。著書に「パークマネジメント - 地域で活かされる公園づくり -」(共著、学芸出版社、2011)。

●中村忠昌（なかむら ただまさ）
1972 年生まれ。千葉大学大学院緑地・環境学専攻修了。現在は株式会社生態計画研究所副所長兼研究部部長。技術士（環境部門)。生物分類技能検定 1 級（鳥類専門分野)。1994 年より現在まで都立葛西臨海公園鳥類園の週末スタッフ。2009 ～ 2018 年、千葉大学園芸学部非常勤講師を務める。都内を中心に各地の都市公園などで自然観察会の講師を務める。

●金岡省吾（かなおか しょうご）
富山大学　地域連携推進機構・地域連携戦略室。地域課題解決への先導的な役割等を果たすため、産学官金の多様なステイクホルダーを巻き込み、地域課題をビジネスで解決する CSV 創出塾（イノベーションネットアワード 2018・優秀賞）や COC+ 事業に取り組み、地方国立大学のシンクタンク機能を形成中。

●富山県舟橋村　(とやまけんふなはしむら)
人口減少克服に向け、平成 20 年から富山大学とともに地方創生に取り組んだ結果、県内外から多くの視察を受入るなど、地方創生への取り組みが評価され、富山大学とともに、「平成 30 年度都市公園等コンクール 特定テーマ部門　国土交通大臣賞」を受賞。

執筆者紹介

●金子忠一（かねこ ただかず）
1982 年 東京農業大学農学部造園学科卒業。博士（造園学）。東京農業大学地域環境科学部造園科学課教授。日本造園学会ランドスケープマネジメント研究推進委員会委員、World Urban Parks Japan 理事。国内外のパークマネジメントの調査研究および理論と実践、自治体のパークマネジメントプランの作成、指定管理者選定等に携わる。平成元年「都市緑地の管理運営に関する計画学的研究」で日本造園学会学会賞受賞。

●赤澤宏樹（あかざわ ひろき）
兵庫県立大学　自然・環境科学研究所　教授。兵庫県立人と自然の博物館　自然・環境マネジメント研究部　研究部長。阪神・淡路大震災からの復興におけるコミュニティ形成支援，協働のパークマネジメント支援など，公共空間における協働の価値形成に関わる。著書に『みどりのコミュニティデザイン』『パークマネジメント』（共著，学芸出版社），『復興の風景像』（共著，マルモ出版）など。

●小野　隆（おの りゅう）
石油掘削技師として中近東で勤務。仏米による合弁会社でプロジェクトマネジメントを学ぶ。1988 年帰国、事業企画会社の事業融資 (Project Finance) 部門で牛久浄苑、沖縄ビオスの丘整備に参加。1997 年から大阪で公共空間関連の現業に従事。2007 年公園マネジメント研究所設立にかかわる。IFPRA を前身とする WUP を通じて国際交流を図る。(株)公園マネジメント研究所　所長、一般社団法人公園からの健康づくりネット　理事、Director of World Urban Parks。

●入江彰昭（いりえ てるあき）
東京農業大学農学部造園学科卒業。博士（造園学）。現在、同大学地域環境科学部地域創成科学科准教授。受賞 First place ESRI world user Conference, map gallery 2019.
『実践風景計画学－読み取り・目標像・実施管理－』公益社団法人日本造園学会・風景計画研究推進委員会監修 株式会社朝倉書店 2019 年 『復興の風景像 ランドスケープ再生を通じた復興支援のためのコンセプトブック』公益社団法人日本造園学会東日本大震災復興支援調査委員会編 マルモ出版 2012 年。

●林まゆみ（はやし まゆみ）
兵庫県立大学大学院緑環境景観マネジメント研究科 / 淡路景観園芸学校特命教授、京都大学農学研究科博士課程満期退学、日本造園学会ランドスケープマネジメント研究推進委員会委員長。阪神大震災後の活動の後は、地域活性化、歴史・文化などが専門領域、日本造園学会賞研究部門受賞、「生物多様性をめざすまちづくり」（学芸出版社)、「パークマネジメント」（学芸出版社、編著)、「実践！　コミュニティデザイン」（彰国社、編著）など。

●西山秀俊（にしやま ひでとし）
1992 年東京農業大学造園学科卒業。 株式会社グラック取締役。日本造園学会ランドスケープマネジメント研究推進委員会委員、World Urban Parks Japan 理事。公園の管理運営に関するコンサルティング、ランドスケープ事業のマネジメント、集合住宅の緑のマネジメント業務等に携わる。「マンション緑地のリニューアルに関する一連の調査・計画」でランドスケープコンサルタンツ協会賞 受賞 (調査・計画部門優秀賞)。

●竹田和真（たけだ かずま）
1996 年建設省入省。国営公園等の整備と管理、まちづくり、地域づくり、消費者行政に携わる。2008 年大阪府公園協会入社。服部緑地や大泉緑地の指定管理者として社会や地域の役に立つ公園づくりに取り組む。立上げ当初から関わる「大阪発、公園からの健康づくり」は第 5 回健康寿命をのばそうアワードで厚生労働大臣優秀賞受賞。一般社団法人公園からの健康づくりネット顧問、World Urban Parks, Healthy Parks Healthy Cities committee メンバー。

●平松玲治（ひらまつ れいじ）
一般財団法人公園財団公園管理運営研究所開発研究部上席主任研究員。1965 年生まれ。千葉大学

パークマネジメントがひらくまちづくりの未来

2020 年 11 月 9 日発行
編　集／林まゆみ・金子忠一・西山秀俊
発行者／丸茂 喬
表紙・扉デザイン／小野口広子（ベランダ）

発行所／株式会社マルモ出版
〒 154-0017 東京都世田谷区世田谷 1-48-10
GranDuo 世田谷Ⅶ 102号
TEL. 03-6432-6026　FAX. 03-6432-6045
Web: **http://www.marumo-p.co.jp/**

印刷・製本／株式会社ディグ

ISBN 978-4-944091-68-3
Printed in Japan